ZEITSCHRIFT FÜR ANGEWANDTE GEOLOGIE

HERAUSGEGEBEN VOM
ZENTRALEN GEOLOGISCHEN INSTITUT
IM AUFTRAG DES
MINISTERIUMS FÜR GEOLOGIE

AUS DEM INHALT

AKADEMIE-VERLAG · BERLIN

HEFT 12
BAND 23
DEZEMBER 1977
SEITE 597–648
EVP 2,– M
34 114

	INHALT	СОДЕРЖАНИЕ	CONTENTS	
KATZUNG, G.	Die posttektogenetischen Molassen und Subsequentite am Außenrand und im nördlichen Vorland des variszischen Tektogens	Посттектогенетические молассы и субсеквентиты на внешнем краю и на северном предполе варисцийского тектогена	The Posttectogenetic Molasses and Subsequentites at the Outer Margin and in the Northern Foreland of the Variscan Tectogene	597
RÖSLER, H.-J.; STARKE, R.; BLANKENBURG, H.-J.; BEUGE, P.	Geochemische Bedingungen der Lagerstättenbildung im sedimentären Bereich	Геохимические условия образования месторождений в осадочной сфере	Geochemical Conditions of the Formation of Deposits in the Sedimentary Area	603
SAKER, I.; JORDAN, H.	Zu hydrogeologischen Eigenschaften der Verwitterungszonen erzgebirgischer Gneise	О гидрогеологических свойствах зон выветривания гнейсов Рудных гор	Hydrogeological Properties of Zones of Weathering of Erzgebirge Gneisses	606
GRUNERT, S.	Eine neuartige Apparatur zur Messung der Durchlässigkeit poröser Stoffe	Новая аппаратура для измерения проницаемости пористых веществ	A New Type of Apparaturs for Measuring the Permeability of Porous Substances	611
ZIEGENHARDT, W.; BRANDT, W.; JAGSCH, R.	Strukturelle Charakteristik eines Kluftspeichers im sedimentären Rotliegenden (Zu geologischen Problemen der Untergrundspeicherung)	Структурная характеристика трещиноватового коллектора в осадочном ротлигендесе (К геологическим проблемам подземного хранения)	Structural Characteristic of a Joint Store in the Sedimentary Rotliegendes (Lower Permian) (Geological Problems of Underground Storage)	618
JUBITZ, K.-B.; TISCHENDORF, G.; WIENHOLZ, R.	Ergebnisse, Trends und Perspektiven des XXV. Internationalen Geologischen Kongresses in Sydney, Australien, 1976. Teil II	Результаты, направления и перспективы XXV-го Международного геологического конгресса в г. Сидней, Австралия, 1976 г. Часть 2-я	Results, Trends and Perspectives of the XXVth International Geological Congress in Sydney, Australia, 1976 Part 2	625
WASSERMANN, B. S.; SABRODOZKI, N. T.; TSCHCHURILOW, L. D.; SCHEREMETA, O. O.; LESCHTSCHENKO, W. E.	Der europäische Norden der UdSSR — eine neue und bedeutende Erdöl-Erdgasprovinz	Европейский север СССР — новая и значительная провинция нефти и газа	The European North of the U.S.S.R. — a New and Important Oil and Gas Province	633
VOLKE, P.	Spektrographische Zinnbestimmung in Zinnerzen und ihren Aufbereitungsprodukten	Спектрографическое определение олова в оловянных руд и в их обогатильных продуктах	Spectrographic Determination of Tin in Tin Ores and their Products of Dressing	636
WOITKEWITSCH, G. W.; LEBEDKO, G. I.	Bodenschätze und Metallogenie des Präkambriums (Referat: W. BEYER)	Минеральное сырье и Металлогения докембрия (Реферат: В. БЕЙЕР)	The Mineral Resources and Metallogeny of the Precambrian (Abstracted by W. BEYER)	640
RUNDKWIST, D. W.; NESHESKIJ, I. A.	Die Zonalität endogener Erzlagerstätten (Referat: W. BEYER)	Зональность коренных рудных месторождений (Реферат: В. БЕЙЕР)	The Zonality of Endogenous Ore Deposits (Abstracted by W. BEYER)	642
Buchbesprechungen, Kurznachrichten				646—648

Die ZEITSCHRIFT FÜR ANGEWANDTE GEOLOGIE berichtet ständig über folgende Arbeitsgebiete: Geologische Grundlagenforschung und Lagerstättenforschung / Methodik der geologischen Erkundung / Ökonomie und Planung der geologischen Erkundung / Technik der geologischen Erkundung / Geologie und Lagerstättenkunde im Ausland. In der Zeitschrift können alle strittigen Fragen der praktischen Geologie behandelt werden. Die Autoren übernehmen für ihre Aufsätze die übliche Verantwortung.

Zeitschrift für angewandte Geologie 12/77

Herausgegeben vom Zentralen Geologischen Institut Berlin im Auftrag des Ministeriums für Geologie der Deutschen Demokratischen Republik
Verlag: Akademie-Verlag, 108 Berlin, Leipziger Straße 3–4

KATZUNG, G.

Die posttektogenetischen Molassen und Subsequentite am Außenrand und im nördlichen Vorland des variszischen Tektogens

Z. angew. Geol., Berlin, 23 (1977) 12, S. 597–602, 5 Abb., 8 Lit.

Die variszischen Molassen umfassen Ablagerungen des Grundgebirgs- und des Übergangsstockwerks (Geosynklinal- und Orogenstadium). Daraus resultiert eine Einteilung in prätektonische und posttektogenetische Molassen. Letztere untergliedern sich in Früh-, Haupt- (mit prätaphrogenetischer, taphrogenetischer und posttaphrogenetischer Unteretappe) und Spätmolassenetappe. Lateral ist eine Gliederung nach der Position zum Tektogen möglich: intra- und peritektogene Molassen sowie exotektogene Molassoide. Auf der postasturischen Peneplain des äußeren Variszikums und des Vorlandes wurden die posttektogenetischen Molassen abgelagert. Diese Bildungen lassen eine Zweiteilung in Eruptiv- (Autun) und Sedimentserie (Saxon) erkennen. Die Grenze zwischen Haupt- und Spätmolassenetappe liegt innerhalb der Sedimentserie. Mit dem Saxon endete die Molassesedimentation.

RÖSLER, H. J.; STARKE, R., u. a.

Geochemische Bedingungen der Lagerstättenbildung im sedimentären Bereich

Z. angew. Geol., Berlin, 23 (1977) 12, S. 603–605, 2 Abb., 2 Tab., 1 Lit.

Ausgehend von den Migrations- und Mineralbildungskriterien im sedimentären Bereich wird die Rolle und Bedeutung der geochemischen Barrieren, deren Anwendbarkeit auch für den Bereich der endogenen Lagerstätten für möglich angesehen wird, dargelegt und an einigen Beispielen erläutert.

SAKER, I.; JORDAN, H.

Zu hydrogeologischen Eigenschaften der Verwitterungszonen erzgebirgischer Gneise

Z. angew. Geol., Berlin 23 (1977) 12, S. 606–611, 5 Abb., 15 Lit.

Die Verwitterungszone des Gneises wird hydrogeologisch und hinsichtlich ihrer potentiellen Grundwasserführung charakterisiert. Dazu wurden Infiltrometermessungen, Sieb- und Schlämmanalysen, Röntgenanalysen und Durchlässigkeitsbestimmungen durchgeführt. Die günstigsten hydrogeologischen Bedingungen liegen im allgemeinen in der Auflockerungszone oberhalb der Monolithzone. Es werden hydrogeologische Zonen I ··· III ausgehalten, die hinsichtlich ihrer Grundwasserführung folgende Tendenz aufweisen:
$Ia > Ib < II \lesseqgtr IIIa > IIIb$

GRUNERT, S.

Eine neuartige Apparatur zur Messung der Durchlässigkeit poröser Stoffe

Z. angew. Geol., Berlin, 23 (1977) 12, S. 611–617, 7 Abb., 13 Lit.

Die Permeabilitätsmessung mit Gasen als Meßstudium bietet gegenüber der Messung mit Flüssigkeiten beträchtliche Vorteile. Gleichzeitig treten dabei Besonderheiten, auf die – bei Nichtbeachtung – zu Meßungenauigkeiten führen können. Im Beitrag wird eine Apparatur zur Permeabilitätsmessung vorgestellt, die es ermöglicht, daß Meßregime exakt reproduzierbar einzustellen. Da sie für die Druck- und Gasmengenmessung mit Geräten beliebiger Meßbereiche kombiniert werden kann, ist sie universell einsetzbar. Die Auswertung der Meßergebnisse erfolgt nach der Darcyschen Gleichung: über das KLINKENBERG-Diagramm wird die „Flüssigkeitsäquivalente Permeabilität" ermittelt.

ZIEGENHARDT, W.; BRANDT, W.; JAGSCH, R.

Strukturelle Charakteristik eines Kluftspeichers im sedimentären Rotliegenden

(Zu geologischen Problemen der Untergrundspeicherung)

Z. angew. Geol., Berlin, 23 (1977) 12, S. 618–625, 8 Abb., 12 Lit.

Die Arbeit analysiert den strukturellen Bau einer lokalen subsalinaren Hochscholle. Diese zeichnet sich durch bedeutende Brüche sowie eine intensive Klüftung aus. Die effektiven (offenen) Klüfte führen Erdgas; sie bestimmen die Speichercharakteristik. Bisheriger Abbau sowie eine Druckaufbaumessung für die gesamte Lagerstätte bestätigen den Kluftspeichertyp. Durch Messungen am Bohrkern mittels statischer und dynamischer Bohrlochmessungen sowie durch Analyse des Sondenverhaltens gelingt es, die effektiven Klüfte qualitativ und teilweise quantitativ zu erfassen. Daraus läßt sich ihre räumliche Verteilung ableiten und in Form eines Kluftspeichermodells darstellen. Dieses Modell bildet den genetischen Zusammenhang zwischen Struktur-, Bruch- und Kluftbildung ab. Das wird anhand einer Interpretation der Kinematik gestützt.

JUBITZ, K.-B,; TISCHENDORF, G.; WIENHOLZ, R.

Ergebnisse, Trends und Perspektiven des XXV. Internationalen Geologischen Kongresses in Sydney, Australien 1976.

Teil II

Z. angew. Geol., Berlin, 23 (1977) 12, S. 625–633, 7 Abb., 24 Lit.

WASSERMANN, B. J.; SABRODOZKI, N. T., u. a.

Der europäische Norden der UdSSR – eine neue und bedeutende Erdöl-Erdgasprovinz

Z. angew. Geol., Berlin, 23 (1977) 12, S. 633–636, 2 Abb., 3 Lit.

Der europäische Nordosten der UdSSR, der hauptsächlich das Petschorabecken umfaßt, besitzt nach neuesten geologischen Erkundungen reiche Erdöl- und Erdgaslagerstätten. Im Beitrag werden abrißhaft die Regionalgeologie, die geologische Charakteristik einiger Kohlenwasserstofflagerstätten, Fördermengen an Erdöl und Erdgas sowie die auf diesen Vorkommen basierende Nachfolgeindustrie diskutiert.

VOLKE, P.

Spektrographische Zinnbestimmung in Zinnerzen und ihren Aufbereitungsprodukten

Z. angew. Geol., Berlin. 23 (1977) 12, S. 636–639, 5 Abb., 15 Lit.

Es wird ein Verfahren zur spektrographischen Zinnbestimmung in Erzen und Aufbereitungsprodukten im Konzentrationsbereich von 0,01 bis 0,3% beschrieben. Nach einem Überblick über prinzipielle Möglichkeiten zur Beseitigung von Matrixeffekten wird auf die Auswahl eines Standardelements, eines spektrochemischen Puffers und optimaler Anregungsbedingungen eingegangen. Als Standardelement dient Germanium (Analysenlinienpaar Sn 303,4 nm/ Ge 303,9 nm). Eine Mischung von 200 mg Spektralkohlepulver und 80 mg Natriumfluorid, bezogen auf 100 mg Probe, wurde als geeigneter Puffer ermittelt. Die Anregung erfolgt im Gleichstromdauerbogen bei einer Stromstärke von 9 A (Trägerelektrode ist Kathode). Als günstig hat sich das Vorbrennen mit Wechselstromabreißbogen erwiesen. Zur Aufnahme der Spektren dient der Quarzspektrograph Q 24. Der Vertrauensbereich für den Mittelwert aus 3 Spektren beträgt ca. 10% (Vergleichsbedingungen, statistische Sicherheit 95%).

WOITKEWITSCH, G. W.; LEBEDKO, G. I.

Bodenschätze und Metallogenie des Präkambriums

(Referat: W. BEYER)

Z. angew. Geol., Berlin, 23 (1977) 12, S. 640–642.

RUNDKWIST, D. W.; NESHESKIJ, I. A.

Die Zonalität endogener Erzlagerstätten

(Referat: W. BEYER)

Z. angew. Geol., Berlin, 23 (1977), 12, S. 642–645, 1 Tab.

Zeitschrift für angewandte Geologie 12/77

Herausgegeben vom Zentralen Geologischen Institut Berlin im Auftrag des Ministeriums für Geologie der Deutschen Demokratischen Republik
Verlag: Akademie-Verlag, 108 Berlin, Leipziger Straße 3–4

KATZUNG, G.

The Posttectogenetic Molasses and Subsequentites at the Outer Margin and in the Northern Foreland of the Variscan Tectogene

Z. angew. Geol., Berlin, 23 (1977) 12, pp. 597–602, 5 Figs., 8 Refs.

The Variscian molasses include deposits of the basement and transition structural layer (geosynclinal and orogenetic etage), from which results a division into pretectogenetic and posttectogenetic molasses. The latter are subdivided into an early, main (with pretaphrogenetic, taphrogenetic and posttaphrogenetic substage) and late molasse etage. Laterally, the molasses can be subdivided in respect of the position to the tectogene, i.e. intra- and peritectogenetic molasses and exotectogenetic molassoids. At the postasturian peneplain of the exterior Variscides and the foreland the posttectogenetic molasses were deposit ed. These formation shows a bipartition into an eruptive series (Autunian) and a sedimentary one (Saxonian). The boundary between the main and the late molasse etage lies within the sedimentary series. The molasse sedimentation faded during the Saxonian.

RÖSLER, J. H.; STARKE, R., et al.

Geochemical Conditions of the Formation of Deposits in the Sedimentary Area

Z. angew. Geol., Berlin, 23 (1977) 12, pp. 603–605, 2 Figs., 2 Table, 1 Ref.

On the basis of criteria for the formation of migration and minerals in the sedimentary area the role and significance of geochemical barriers are described and illustrated by some examples, whose applicability to endogenous deposits is also considered to be possible.

SAKER, I.; JORDAN, H.

Hydrogeological Properties of Zones of Weathering of Erzgebirge Gneisses

Z. angew. Geol., Berlin, 23 (1977) 2, pp. 606–611, 5 Figs., 15 Refs.

The weathered zone of gneiss is characterized by hydrogeological parameters and potential groundwater flow. Measurements of infiltration, permeability, porosity, sieve analysis, elutriation analysis and X-ray analysis were made. In general, the optimum hydrogeological conditions are in the loosening zone just above the rock-monolith. It is possible to determine hydrogeological zones I to III with the following tendencies regarding their ground-water flow
Ia > Ib < II ≶ IIIa > IIIb

GRUNERT, S.

A New Type of Apparatus for Measuring the Permeability of Porous Substances

Z. angew. Geol., Berlin, 23 (1977) 12, pp. 611–617, 7 Figs., 13 Refs.

Considerable advantages are available when using gases instead of liquids as a medium for measuring the permeability, pecularities must, however, be observed because they may produce inaccuracies. An apparatus enabling the measuring regime to be adjusted with exact reproducibility is presented and can be combined with instruments of any measuring ranges in the measurement of pressure and gas volumes, so that it is universal in operation. The measuring results are evaluated by means of Darcy's equation, the "liquid equivalent permeability" being determined by the KLINKENBERG diagram.

ZIEGENHARDT, W.; BRANDT, W.; JAGSCH, R.

Structural Characteristic of a Joint Store in the Sedimentary Rotliegendes (Lower Permian)

(Geological Problems of Unterground Storage)

Z. angew. Geol., Berlin, 23 (1977) 12 pp. 618–625, 8 Figsk. 12 Refs.

The structure of a local subsaliferous upper block characterized by important faults and an intense jointing is analysed. The gas-bearing effective (open) joints determine the storage characteristic. The exploitation so far made and a pressure build-up measurement of the whole deposit confirm that the store in question is of the jointed type. Core measurements by means of static and dynamic borehole surveys as well as an analysis of the well behaviour made it possible to determine qualitatively and, in part, quantitatively effective joints, as a result of which their spatial distribution can be derived and described as a joint store model. This model represents the genetic relationship between structuring, faulting and jointing, and is supported by a kinematic interpretation.

JUBITZ, K.-B.; TISCHENDORF, G.; WIENHOLZ, R.

Results, Trends and Perspectives of the XXVth International Geological Congress in Sydney, Australia, 1976

Part 2

Z. angew. Geol., Berlin, 23 (1977) 12, pp. 625–633, 7 Figs., 24 Refs.

WASSERMANN, B. J.; SABRODOZKI, N. T., et al.

The European North of the U.S.S.R. – a New and Important Oil and Gas Province

Z. angew. Geol., Berlin, 23 (1977) 12, pp. 633–636, 2 Figs., 3 Refs.

From latest geological explorations results that rich oil and gas deposits are found in the European north-east of the U.S.S.R. mainly comprising the Pechora basin. The regional geology, geological characteristic of some hydrocarbon deposits and oil and gas outputs are described in outline, and the subsequent industry based on these deposits is discussed.

VOLKE, P.

Spectrographic Determination of Tin in Tin Ores and their Products of Dressing

Z. angew. Geol., Berlin, 23 (1977) 12, pp. 636–639, 5 Figs., 15 Refs.

A method for the spectrographic determination of tin in ores and products of dressing is described within the concentration range of 0.01 to 0.3 per cent. After reviewing fundamental possibilities of suppressing the matrix effect the choice of a standard element, of a spectrochemical buffer and of optimum conditions of excitation is discussed. Germanium serves as a standard element (pair of analytical lines Sn 303.4 nm/ Ge 303.9 nm). A mixture of 200 mg of spectral carbon powder and of 80 mg of sodium fluoride, referred to 100 mg of the sample, was determined to be a suitable buffer. The excitation in the direct-current permanent arc took place at a current intensity of 9 A (the carrier electrode is the cathode). A preliminary burning by means of the alternating-current intermittent arc has proved to be favourable. The quartz spectrograph Q 24 was used to make spectrum recordings. The confidence area for the mean value obtained from 3 spectra is about 10 per cent (reference conditions. level of confidence 95 per cent).

WOITKEWITSCH, G. W.; LEBEDKO, G. I.

The Mineral Resources and Metallogeny of the Precambrian

(Abstracted by W. BEYER)

Z. angew. Geol., Berlin, 23 (1977) 12, pp. 640–642

RUNDKWIST, D. W.; NESHESKIJ, I. A.

The Zonality of Endogenous Ore Deposits

(Abstracted by W. BEYER)

Z. angew. Geol., Berlin, 23 (1977) 12, pp. 642–645, 1 Table

ZEITSCHRIFT FÜR ANGEWANDTE GEOLOGIE

Träger der Ehrennadel in Gold
der Gesellschaft für Deutsch-Sowjetische Freundschaft

BAND 23 · DEZEMBER 1977 · HEFT 12

Die posttektogenetischen Molassen und Subsequentite am Außenrand und im nördlichen Vorland des variszischen Tektogens

KATZUNG, G., Berlin

1. Einleitung

Die posttektogenetischen Molassen im äußeren Variszikum und im Vorland des variszischen Tektogens, einschließlich der assoziierten Magmatite, haben in den letzten Jahren starke praktische und wissenschaftliche Beachtung gefunden. Vor allem die Entdeckung der gigantischen Erdgaslagerstätte Groningen (1959) in Speichern des Rotliegenden hat dazu den Anlaß gegeben. In der Folgezeit waren die in der Regel in mittleren bis großen Teufen gelegenen Sedimente des Unterperms und Oberkarbons von den Britischen Inseln im W bis in die östlichen Bereiche der VR Polen das Ziel umfangreicher Aufschlußarbeiten. In Teilgebieten dauern diese Untersuchungen noch an.
Im Ergebnis dieser Arbeiten kann, auch wenn z. Z. nur ein kleiner Teil der Daten durch Veröffentlichungen bekannt geworden ist, ein Überblick über die Entwicklung der posttektogenetischen Molassen im äußeren Variszikum und im Vorland gegeben werden, wobei vorrangig Fakten aus dem Nordteil der DDR Verwendung finden. Diese neuen Erkenntnisse lassen auch die seit dem vorigen Jahrhundert intensiv untersuchten Molassen und Subsequentite des inneren Variszikums teilweise in einem neuen Licht erscheinen.

2. Definition, Abgrenzung und Gliederung der variszischen Molassen

Wenn wir den aus dem alpidischen Faltungsbereich entlehnten Terminus Molassen im Variszikum anwenden, so erfordert das eine Begriffsbestimmung sowie eine Abgrenzung innerhalb des geotektonisch-magmatischen Zyklus. In der Entwicklung eines Krustenteils unterscheiden wir drei Stadien:

- das Geosynklinalstadium, das mit der Tektogenese endet,
- das Orogenstadium, das mit der Kratonisierung des Tektogens und der endgültigen Peneplainisierung des Morphogens abschließt und
- das Tafelstadium.

Während Geosynklinalstadium und Orogenstadium in der Regel durch die Faltung scharf getrennt sind, klingen die Kratonisierungsprozesse über einen längeren Zeitraum ab, und die Anschauungen über die Abgrenzung des Orogenstadiums vom Tafelstadium gehen demzufolge weit auseinander. Diesen drei Stadien entsprechen das gefaltete (und metamorphosierte) Grundgebirgsstockwerk i. w. S., das Übergangsstockwerk und das Tafelstockwerk (Abb. 1).

Eingang des Manuskripts in der Redaktion: 20. 6. 1977.
Erweiterte Fassung eines Vortrags, gehalten anläßlich der konstituierenden Sitzung der Arbeitsgruppe 3.3. „Tektonisches Regime der Epochen der Molassenbildung“ in der Problemkommission IX der Akademien der Wissenschaften sozialistischer Staaten vom 19. bis 21. März 1975 in Berlin.

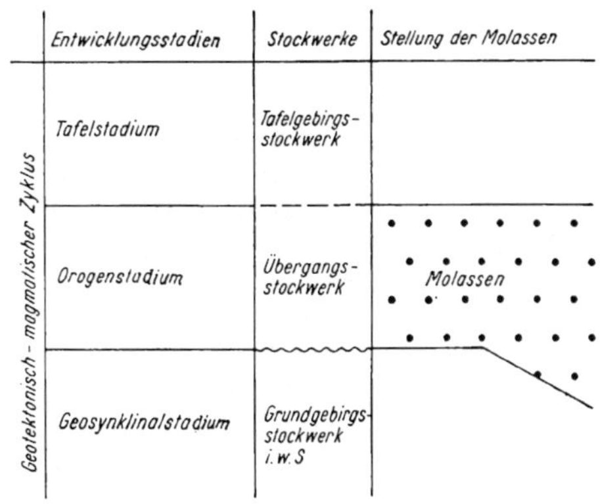

Abb. 1. Hauptentwicklungsstadien eines Krustenteils und Stellung der Molassen

Als Molassen bezeichnen wir die im Anschluß an die Flyschetappe des Geosynklinalstadiums abgelagerten, mit der Morphogenese und deren direkten Auswirkungen assoziierten Sedimente. Die Molassen bilden die Kratonisierungsprozesse ab, unabhängig davon, ob sie im Bereich der Kratonisierung selbst (Tektogen) oder außerhalb desselben (Vorland des Tektogens) vor oder nach der Hauptfaltung der jeweiligen Einheit des Tektogens abgelagert worden sind. Das bedeutet, die Molassen umfassen sowohl Ablagerungen des Orogenstadiums als auch des Geosynklinalstadiums und damit solche des Übergangsstockwerks und des Grundgebirgsstockwerks (Abb. 1). Um dies zu erläutern, bedarf es einer Übersicht über die Bildung des variszischen T e k t o g e n s im zentraleuropäischen Raum.
Dieses ist sehr wahrscheinlich in zwei mehr oder weniger getrennten Akten entstanden. Während der sudetischen Phase, an der Wende Visé/Namur, wurden die inneren Bereiche (Saxothuringischer Trog und innere Teile des Rhenoherzynisch-Moravosilesischen Trogs), während der asturischen Phase, an der Wende Westfal/Stefan, die äußeren Bereiche der Geosynklinale (Hauptteil des Rhenoherzynisch-Moravosilesischen Trogs), einschließlich des internen Teils der Randsenke (= Saumsenke bzw. Vorsenke) — als „Restgeosynklinale“ — gefaltet. Unter Verzicht auf die übliche Zoneneinteilung KOSSMATs ergibt sich so eine Gliederung in das sudetisch gefaltete „innere Variszikum“, das nordwärts die Mitteleuropäische Kristallinzone einschließt und etwas drüber hinaus reicht, sowie das nördlich folgende asturisch gefaltete „äußere Variszikum“,

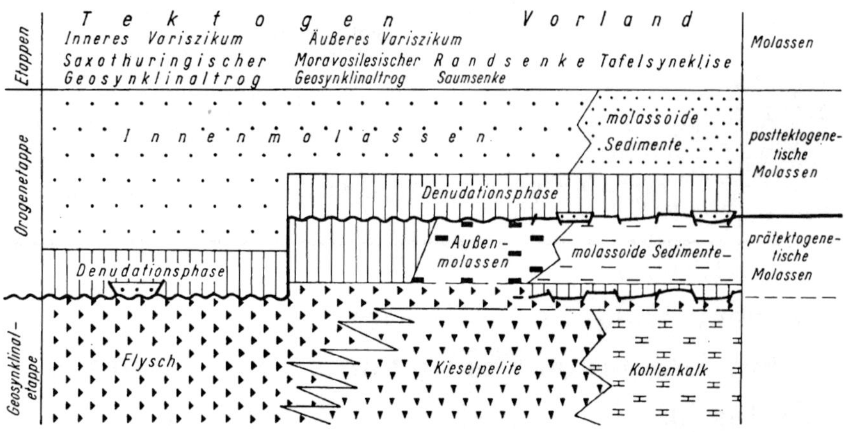

Abb. 2. Raum-Zeit-Beziehungen zwischen Geosynklinal- und Orogenstadium des Variszikums und nördlichen Vorlands[1])

an das das ungefaltete nördliche Vorland des Tektogens angrenzt. Eine definitive Grenzziehung zwischen innerem und äußerem Variszikum ist nicht ohne weiteres möglich. Auch Tektogen und Vorland sind in der Regel nicht scharf gegeneinander abgegrenzt. Lediglich am Südrand des Brabanter Massivs besteht ein deutlicher Hiatus.

Im inneren Variszikum endete die geosynklinale (Flysch-) Sedimentation in der Regel im höheren Visé mit der sudetischen Faltung. Im äußeren Variszikum dauerten die geosynklinalen Verhältnisse größtenteils über die Grenze Visé/Namur fort. In der Vorsenke wurde die marine Flyschsedimentation während des Namurs von der paralischen „restgeosynklinalen" Molassesedimentation abgelöst, wurden Flysch und Molasse zusammen asturisch gefaltet. Inneres und äußeres Variszikum unterscheiden sich also nicht nur hinsichtlich des Faltungsalters, sondern auch dadurch, daß im äußeren noch die paralischen Molassen in die asturische Faltung einbezogen worden sind (Abb. 2): prätektogenetische Molassen. Diese noch marin beeinflußten Ablagerungen werden allgemein, hinsichtlich der Lage am Rande des Festlands sowie des sudetischen Morphogens (in der Außen- bzw. Randsenke), als „Außenmolassen" bezeichnet. Auf Grund der Mobilitäts/Stabilitäts-Verhältnisse des Unterbaus kann zwischen den gefalteten Vorsenkenmolassen im „inneren" Teil der Randsenke und den lediglich germanotyp dislozierten Vorlandmolassen im „äußeren" Teil der Randsenke (über dem prävariszisch — kaledonisch und baikalisch — konsolidierten Randbereich der Osteuropäischen Tafel i. w. S.) unterschieden werden, ohne daß in den weitaus meisten Fällen weder lithologisch noch tektonisch eine Abgrenzung möglich ist. Letztere gehen, ebenfalls ohne deutliche lithologische Grenze, in die molassoiden Sedimente der Tafelsyneklise über, soweit eine solche entwickelt ist.

Jeweils mit größerer Zeitlücke nach der sudetischen und asturischen Faltung, im Anschluß an großräumige und teilweise tiefgründige Denudations- und Peneplainisierungsphasen, setzte die Sedimentation der im allgemeinen nicht mehr marin beeinflußten posttektogenetischen Molassen oder „Innenmolassen" im Inneren des Festlands und zugleich innerhalb sowie am Rande des sudetisch-asturischen Orogens (Innensenken) ein („intermontane Molassen"): im inneren Variszikum während des Westfals und Stefans, im äußeren Variszikum während des Autuns, im Vorland während des Autuns und des Saxons (Abb. 3). Wie die prätektogenetischen Molassen, so gehen auch die posttektogenetischen in molassoide Sedimente auf der Tafel über, ohne daß ein Wechsel in der lithologischen Ausbildung in Erscheinung tritt. Für die Abgrenzung von den molassoiden Ablagerungen ist die Herkunft des Materials das wichtigste Kriterium.

Ausnahmen hinsichtlich der zeitlichen und regionalen Position stellen die Ablagerungen der Frühmolassenetappe im inneren Variszikum dar, die unmittelbar im Anschluß an die sudetische Faltungsphase abgelagert und teilweise von den letzten Bewegungen derselben noch schwach (germanotyp) erfaßt worden sind (Abb. 2).:

- in Schwächezonen, wie z. B. über dem Zentralsächsischen Lineament (Erzgebirgische Senke);
- in isolierten Senkungszonen über stabilisiertem Untergrund mit kontinuierlicher Sedimentation vom unteren Obervisé (marin) an bis zum tiefen Siles (terrestrisch), wie z. B. in der Innersudetischen Senke.

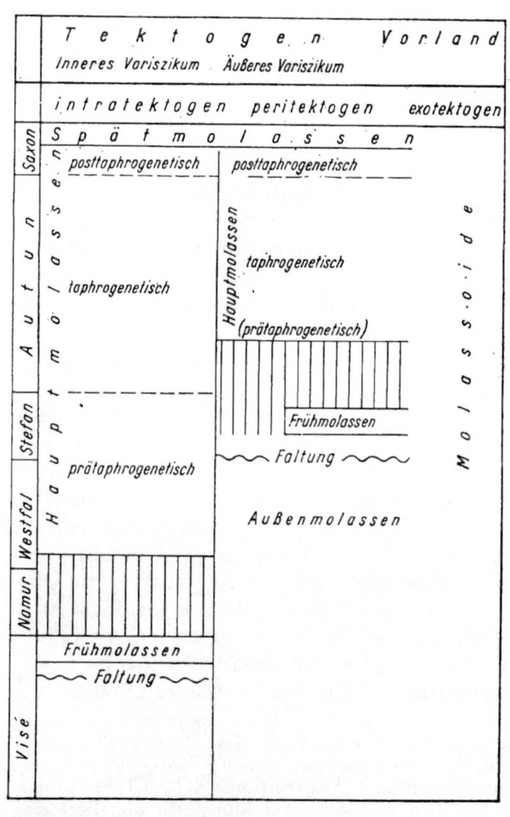

Abb. 3. Gliederung der posttektogenetischen Molassen (Orogenstadium)

[1]) In der ersten Spalte muß es richtig heißen: Stadien, Orogenstadium, Geosynklinalstadium

Sedimente analoger Stellung scheinen in der Randsenke aufzutreten, wie in Abschnitt 4 noch gezeigt wird.
Mit den Sedimenten der folgenden Hauptmolassenetappe (Westfal bis Saxon I) sind in der Regel effusivmagmatische Bildungen assoziiert, wobei eine Konzentration im Autun zu beobachten ist. Eruptiva — Laven, Tuffe und Ignimbrite — sind gewissermaßen ein Charakteristikum der Hauptmolassenetappe. Während diese sedimentär-vulkanogenen Ablagerungen im inneren Variszikum weitverbreitet, allerdings in zumeist voneinander isolierten Senken vorkommen, in denen im allgemeinen Sedimente dominieren, sind sie im äußeren Variszikum und im Vorland auf einige wenige mobile Zonen beschränkt. Außerdem treten dort Sedimente weitgehend zurück oder fehlen völlig. Die Hauptmolassenunteretappe war weiterhin durch tektonische Prozesse von diktyogenetischem Charakter gekennzeichnet, die sich zu bestimmten Zeiten häuften und Intensitätshöhepunkte erreichten. Mit den fränkischen Bewegungen im Grenzbereich Stefan/Autun wurde offensichtlich die Hauptphase der magmatischen Prozesse und zugleich ein taphrogenetischer Zeitabschnitt in der tektonischen Entwicklung eingeleitet. Noch stärker waren zweifelsohne die saalischen Bewegungen an der Wende Autun/Saxon. Mit ihnen endeten, noch vor Abschluß der Hauptmolassenetappe inmitten des Saxons, sowohl die Taphrogenese als auch die magmatische Aktivität. Daraus ergibt sich eine Dreiteilung in eine prätaphrogenetische, eine taphrogenetische und eine posttaphrogenetische Unteretappe.
Die Sedimentation der folgenden Spätmolassen (Saxon II) wurde hingegen ausschließlich durch epirogenetische, zum Ende des Saxons allmählich ausklingende Bewegungen gesteuert. Sie sind auf die weitspannige Mitteleuropäische Saxonsenke konzentriert, die sich im Grenzbereich zwischen variszischem Tektogen und Vorland diskonform zu den Strukturen des Unterbaus herausbildete. Sie zeigt eine expansive Entwicklung bei vorherrschender Transgression in Richtung auf die inneren, weitgehend peneplainisierten Bereiche des Tektogens, eine Tendenz, die zu Beginn des Tafelstadiums noch deutlicher in Erscheinung tritt.
Mit einer Nivellierungsphase, in der ein weitgehender Ausgleich zwischen Denudations- und Sedimentationsgebieten erreicht war, wurde das Orogenstadium abgeschlossen. Mit der Spätmolassenetappe bereitete sich schon das Tafelstadium vor. Die stärkere Beeinflussung der Sedimentation durch das variszische Morphogen, der oft fließende Übergang zwischen Hauptmolassen und Spätmolassen sowie eine zumindest das Kasan umfassende Schichtlücke im Hangenden des Saxons geben den Ausschlag, die Sedimente des jüngeren Saxons noch dem Übergangsstockwerk zuzurechnen. Die Grenze zwischen Orogenstadium und Tafelstadium wird also an der Grenze Saxon/Thuring (Zechstein) gezogen (vgl. Abschnitt 7). Die Transgression des jüngeren Perms und der älteren Trias auf die inneren Bereiche des variszischen Tektogens entspricht dem durch weiträumige Absenkung gekennzeichneten Initialstadium in der Herausbildung der epivariszischen Tafelsenke. Sie kann nicht als Hinweis auf einen nach *S* gerichteten, dem generellen Trend entgegengesetzten Kratonisierungsprozeß gedeutet werden.
Eine zusätzliche, laterale Gliederung der Molassen und ihrer zeitlichen sedimentären Äquivalente ist auf Grund der Position zum Tektogen möglich (Abb. 3). Während zu Beginn der Molassesedimentation (Siles) klar zwischen gefalteten) Außenmolassen und (nicht gefalteten) Innenmolassen differenziert werden kann, verwischte dieser Unterschied im Verlauf der Entwicklung. Die zunächst für das innere Variszikum charakteristischen Innenmolassen dehnten sich während der Hauptmolassenunteretappe in das äußere Variszikum und Vorland hin aus, ohne daß sich ihr Charakter grundlegend änderte. Hinsichtlich der Lage zum Meer blieben sie „Innenmolassen", in Hinsicht auf das Tekt ogensind sie teils „Innen-", teils „Außen"-molassen. Um diese Diskrepanz in der Nomenklatur zu beseitigen, wird vorgeschlagen, die prätektogenetischen Molassen weiterhin als Außenmolassen zu bezeichnen. Bei den posttektogenetischen Ablagerungen sollten intratektogene Molassen im Inneren und peritektogene Molassen am Rande bzw. in der unmittelbaren Umrandung der Varisziden sowie exotektogene Molassoide außerhalb und ohne Verbindung zum variszischen Faltungsgebiet ausgehalten, aber nicht streng unterschieden werden. Die tektonischen Prozesse und die mit diesen verbundenen Sedimentationsvorgänge zeigen eine nach außen abnehmende Abhängigkeit sowohl von den tektogenetisch geschaffenen Formen als auch vom Beanspruchungsgrad des Unterbaus, so daß sich letztendlich insgesamt ein fließender Übergang von den intra- zu den exotektogenen Ablagerungen vollzieht.

3. Die postasturische Denudation des äußeren Variszikums und des Vorlands

Das äußere Variszikum zeigt einen typischen externidischen Bau: Nordvergenz sowie abnehmende Intensität von Faltung und Schieferung nach außen. Östlich des Wales-Brabanter Massivs hat die asturische Faltung bei „freier" Entfaltung nur die südlichen Teile der hier sehr breiten variszischen Randsenke erfaßt (vgl. SCHMIDT 1975, SCHMIDT & FRANKE 1975). Eine Schieferung fehlt. Die Faltung klingt allmählich in Richtung auf das Vorland aus. Alpinotype Strukturen werden von mediotypen und germanotypen Dislozierungen abgelöst. Das Vorland zeigt, soweit bekannt, einen charakteristischen Schollenmosaikbau (Abb. 4).
Die südlichen Bereiche des äußeren Variszikums wurden im Anschluß an die asturische Phase entsprechend der nach *S* zunehmenden orogenen Emporwölbung (Morphogenese) bis zum Devon denudiert, während in den nördlichen Bereichen lediglich Namur und Westfal von der Abtragung erfaßt worden sind (vgl. Abb. in ANDREAS, HAUBOLD & KATZUNG 1975). Im Vorland waren die Abtragungsprozesse auf den Ausgleich des Bruchschollenreliefs beschränkt (Abb. 4).
Im Verlauf des Stefans und wahrscheinlich noch des älteren Autuns bildete sich unter warmen, semihumiden (bis semiariden) Klimabedingungen eine Peneplain heraus, die sich aus dem Vorland bis in die inneren Teile der Rhenoherzynischen Zone im Sinne KOSSMATs erstreckte. Auffälligstes Merkmal der chemischen Verwitterungsprozesse ist eine Rotfärbung (einschließlich Bunt- und Grünfärbung) infolge einer Zersetzung der organischen Substanzen und einer Osydation des Fe^{++}, ohne daß Eisen zugeführt aber wohl umverteilt wurde (Abb. 5). Die Rötungszone erreicht Mächtigkeiten von mehr als 200 m. Reste der Rotverwitterung sind besonders in den Gebieten erhalten, in denen frühzeitig der Reliefausgleich erreicht worden ist, d. h. im Übergangsbereich Variszikum/Vorland und im Vorland selbst. Dort sind die sekundär rot gefärbten Sedimente oft nicht oder nur schwer von primären Rotablagerungen („Rote Folge") zu unterscheiden. Sekundäre Rotfärbungen fehlen jedoch keineswegs in den südlichen Bereichen des äußeren Variszikums, wie z. B. im Subherzyn.

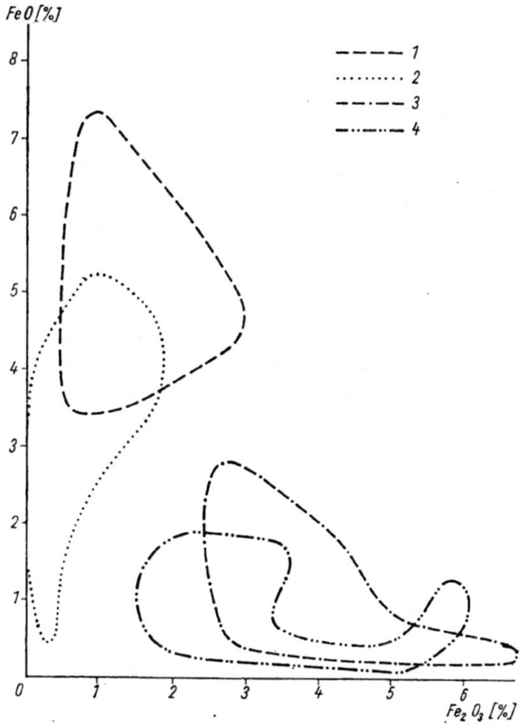

Abb. 5. Fe^{2+}/Fe^{3+} — Korrelationsdiagramm mariner und paralischer Sedimente des Karbons aus den Bohrungen Parchim 1, Oranienburg 1, Gransee 2 und Angermünde 1

1 — graue und schwarze Tonsteine bis tonige Siltsteine; 2 — graue Sandsteine; 3 — gerötete Tonsteine bis tonige Siltsteine; 4 — gerötete Sandsteine

4. Der Beginn der postasturischen (posttektogenetischen) Molassesedimentation

Bereits kurz nach der asturischen Faltung wurden im Vorland des variszischen Tektogens teils in Restsenken, wie im Küstengebiet der DDR, teils in neu angelegten Senken, wie an der Ems und in der südöstlichen Nordsee, kurzzeitig relativ geringmächtige Sedimente abgelagert. In der Emssenke ist tiefes, lokal auch höheres Stefan, in der Nordseesenke wahrscheinlich nur höheres Stefan vertreten. Im Küstengebiet der DDR wurde das Vorkommen von Stefanablagerungen auf Grund der regionalgeologischen Entwicklung angenommen (KATZUNG & KRULL 1971, 1972) und dann auch auf Rügen nach lithologischen und paläontologischen Kriterien aus der „Roten Folge" ausgegliedert (HIRSCHMANN, HOTH & KLEBER 1975).

Über diesen Stefanssedimenten ist überall eine Schichtlücke zu beobachten. In der Emssenke umfaßt sie teilweise das mittlere und höhere Stefan, das gesamte Autun und wahrscheinlich sogar noch das tiefere Saxon; im Südteil ist offenbar geringmächtiges Autun vorhanden. Auf Rügen und dem angrenzenden Festland wird das Stefan von Vulkaniten des Autuns überlagert, deren Altersstellung nicht sicher ist. Ein Teil derselben, insbesondere die basalen basischen Laven und die Intrusivlager in Sedimenten des Karbons und Devons, dürfte jungsilesisches Alter besitzen (vgl. auch KRAMER & MUCKE 1973). Die Sedimente könnten, unter Bezugnahme auf die Verhältnisse im sudetisch gefalteten Variszikum, als Frühmolassen zur asturischen Faltung bezeichnet werden. Sie sind unmittelbar im Anschluß bzw. noch während der asturischen tektogenetischen Prozesse, allerdings außerhalb des Faltungsgebiets, zur Ablagerung gekommen. Wie im inneren Variszikum sind sie von den Hauptmolassen durch eine größere Schichtlücke getrennt.

Im gesamten übrigen Gebiet setzte die Ablagerung erst mit der Hauptmolassenunteretappe ein, an die ohne markannten Schnitt die Spätmolassenunteretappe anschließt. Die Bildungen der Haupt- und Spätmolassenunteretappen zeigen eine charakteristische Zweiteilung in eine untere Eruptivserie (Autun) und eine obere Sedimentserie (Saxon). Die Grenze zwischen beiden Etappen liegt inmitten der Sedimentserie, die zwischen der taphrogenetischen und der posttaphrogenetischen Unteretappe zwischen Eruptivserie und Sedimentserie, also wie im inneren Variszikum an der Wende Autun/Saxon. Die prätaphrogenetische Unteretappe wird durch die Basissedimente der Eruptivserie lediglich angedeutet (Abb. 3).

5. Die Eruptivserie des Unterperms (Autun)

Die Eruptivserie besitzt eine annähernd geschlossene Verbreitung von der Ems im W bis in das Gebiet von Wrocław im E. Vereinzelt treten Eruptivgesteine bei Kraków, auf Schonen und in der Nordsee auf.

Die Eruptivserie ist sehr heterogen aufgebaut, so daß kein generelles Schema der Abfolge gegeben werden kann. Sie besteht zu mehr als 95% aus vulkanischen Produkten. Es dominieren Laven vor Ignimbriten. Echte Tuffe sind relativ selten. Sedimente treten basal und im Hangenden der Eruptiva auf bzw. sind zwischen die Decken eingeschaltet. Durch Tufflagen ist die Zugehörigkeit sowohl der basalen als auch der hangenden Sedimente zur Eruptivserie gesichert. Diese Sedimente zeigen außerdem gegenüber denen der Sedimentserie in den meisten Fällen eine tektonische Beanspruchung (zumeist Schrägstellung) infolge der saalischen bruchtektonischen Prozesse und werden dann diskordant von den Sedimenten des Saxons überlagert. Die bis über 100 m mächtigen basalen Sedimente sind weit verbreitet. Sie belegen schwache Absenkungen unmittelbar vor dem Einsetzen der vulkanischen Prozesse. Die insgesamt spärliche Verbreitung der Zwischensedimente belegt die enge Bindung der taphrogenetischen Absenkungen an die Eruptionen bzw. umgekehrt. Die Hangendsedimente sind auf einzelne Zonen stärkerer Absenkung in der Endphase der vulkanischen Aktivitäten beschränkt.

Die Magmatite gehören zwei Magmentypen an.

- Die basischen bis extrem basischen Eruptiva im Küstengebiet der DDR und auf den vorgelagerten Inseln sowie in Niedersachsen werden als Eruptionsprodukte aus dem subkrustalen Bereich gedeutet (Tafelmagmatite).
- Die übrigen Magmatite sind zweifelsohne Produkte palingenetischer Remobilisierungen krustaler Gesteine (Subsequentite des variszischen geotektonisch-magmatischen Zyklus).

Über die Aufstiegswege ist wenig bekannt. Ein Zusammenhang mit herzynischen und meridionalen Brüchen wird auf Grund der Verbreitung und Mächtigkeitsverteilung vermutet. Die extrem basischen Laven im Küstengebiet der DDR sind zweifelsohne auf herzynischen Brüchen im südwestlichen Randbereich der Osteuropäischen Tafel aufgedrungen.

Die Alterseinstufung der Eruptivserie basiert auf petrologischen und regionaltektonischen Vergleichen mit den Autunvulkaniten im inneren Variszikum sowie einer absoluten Datierung von 260 Mill. Jahren für einen Intrusivkörper im Oberkarbon. Nach absoluten Altersbestimmungen ist ein Silesalter der extrem basischen Eruptiva im Küstengebiet der DDR und Rügens möglich. Ihr Vorkommen an der Basis des Eruptivkomplexes steht dem zumindest nicht entgegen (s. o.).

Wie ist das Auftreten dieses Magmatismus im äußeren Variszikum, insbesondere in der Randsenke, und im Vorland zu bewerten? Zweifelsohne bestehen direkte Beziehungen zum subsequenten Magmatismus des inneren Variszikums, sowohl substantiell und zeitlich als auch hinsichtlich der Bindung an regionale Bruchsysteme und lineamentäre Zonen, die herzynisch und rheinisch streichen. Im Unterschied zum inneren Variszikum sind jedoch keine typischen Molassebecken entwickelt, und die Eruptiva treten in weiter Flächenausdehnung bei offenbar nur relativ geringfügigen Mächtigkeitsschwankungen auf. Dessen ungeachtet sind diese jungpaläozoischen Magmatite als echte Subsequentite des variszischen geotektonischen Zyklus anzusprechen.

Es zeigt sich, daß der subsequente Magmatismus nicht an die geosynklinal und tektogenetisch vorgezeichenten Strukturen, sondern an eine Nord-Süd-Zone gebunden ist, die diese Strukturen kreuzt und sich vom Küstengebiet der DDR bis in die Alpen verfolgen läßt. Das Maximum der magmatischen Aktivität lag dort, wo sich diese rheinische Zone mit dem herzynischen Bruchsystem im Vorfeld der Osteuropäischen Tafel kreuzt (SCHMIDT, KATZUNG & FRANKE 1977).

6. Die Sedimentserie des Unterperms (Saxon)

Die Sedimentserie füllt eine Senke, die sich von den Britischen Inseln bis zur polnisch-sowjetischen Staatsgrenze diskonform zu den Strukturen des Unterbaus erstreckt. Im N wird sie relativ scharf von den hochgelegenen Teilen der Osteuropäischen Tafel begrenzt. Im S bestehen Verbindungen zu den relativ kleinen Senken des inneren Variszikums.

Diese Mitteleuropäische Saxonsenke stellte ein gegen das Weltmeer abgeschlossenes Becken dar, in dem sich die Verwitterungsprodukte aus dem variszischen Morphogen sammelten. Es sind Konglomerate, Sand- und Silt/Tonsteine. Halit erlangt im Beckenzentrum Bedeutung. Karbonate und Anhydrite treten relativ zurück. Die Abfolge ist zyklisch gegliedert und stellt insgesamt einen Sedimentationsgroßzyklus dar, der die abnehmende Reliefenergie im Gefolge schwächer werdender und schließlich erlöschender tektonischer Aktivitäten abbildet (KATZUNG 1977). Für das Auftreten der Halite wird ein Zusammenhang mit säptvulkanischen Exhalationen gesehen. Für eine marinlagunäre Genese gibt es keinerlei Hinweise (vgl. KATZUNG & SIGENEGER 1976).

Die Mitteleuropäische Saxonsenke besteht aus drei herzynisch streichenden Teilsenken, die staffelförmig angeordnet sind. Das Ostenglisch-Niederländische Becken im W weist über offensichtlich stabilem Fundament nur geringe Mächtigkeiten von maximal 350 m auf. Die mittlere und östliche Teilsenke am Südwestrand der Osteuropäischen Tafel bzw. im Randbereich des variszischen Tektogens sind stärker eingesenkt. Im Unterelbetrog (BRD/DDR) werden Mächtigkeiten von mehr als 1300 m erreicht; für den Kujawytrog (VR Polen) werden auf Grund von Postumitätsbetrachtungen etwa 1000 m Maximalmächtigkeit angenommen. Neben diesen herzynischen und eggischen Strukturen treten, vor allem am Südrand, rheinische Elemente auf.

Unter warmen semiariden bis ariden Klimabedingungen der nördlichen Passatzone wurden fluviatile, äolische und Playasedimente abgelagert. Letztere sind auf die Zentren der Teilsenken, die fluviatilen Sedimente auf die Beckenränder konzentriert. Vom Südrand greifen allerdings Sandschwemmfächer weit in das Beckenzentrum vor, während die gröberklastischen Schüttungen am Nordrand eine wesentlich geringere Reichweite besaßen. Das ist durch das stabile Verhalten der Osteuropäischen Tafel bedingt. Lediglich ihr Südwestrand wurde von den variszischen tektonischen Prozessen erfaßt. Unter vorherrschend nordöstlichen Passatwinden wurden äolische Sande vor allem im Südwestteil der Saxonsenke akkumuliert. Daraus resultiert insgesamt eine asymmetrische Lithofaziesverteilung mit einem steilen Lithofaziesgradienten im N und einem flachen Lithofaziesgradienten im S. Am Südrand der Senke ist in W-E-Richtung der Einfluß des variszischen Reliefs sichtbar, indem mit zunehmender Entfernung vom variszischen Tektogen in westlicher Richtung fluviatile Sedimente zurück und äolische stärker in Erscheinung treten.

Die Einstufung der Sedimente in das Saxon ergibt sich aus der schwach diskordanten Auflagerung auf der Eruptivserie (Abb. 4) und der Überlagerung durch die Zechsteinsedimente des Oberperms sowie der Verknüpfung mit den Saxonsedimenten im inneren Variszikum. Die Abfolge läßt, ebenfalls in Übereinstimmung mit den Verhältnissen im inneren Variszikum, eine Zweiteilung in Saxon I und Saxon II erkennen. Das Saxon I besitzt eine geringere Verbreitung. Es tritt insbesondere in den Gebieten auf, in denen die Hangendsedimente der Eruptivserie zur Ablagerung gekommen sind. Hier zeigt sich trotz der generellen Unterschiede zwischen Eruptiv- und Sedimentserie ein Zusammenhang, der in Verbindung mit der noch relativ heterofaziellen Ausbildung des Saxons I eine Zuordnung zur Hauptmolassenunteretappe rechtfertigt. Das Saxon II zeichnet sich durch eine weite, auf die Beckenränder übergreifende Verbreitung und eine vergleichsweise sehr uniforme laterale Ausbildung aus. Sie erlaubt eine gute lithostratigraphische Korrelation über größere Entfernungen. Diese Ablagerungen werden als Spätmolassen angesehen. Mit der expansiven Entwicklung der Spätmolassen wird das Tafelstadium gewissermaßen vorbereitet.

7. Das Ende des Orogenstadiums

Hinsichtlich der Abgrenzung des Orogenstadiums vom Tafelstadium gehen, wie eingangs erwähnt, die Ansichten weit auseinander. Einerseits wird die Einordnung des Saxons in das Tafelstadium in Betracht gezogen. Das verbietet sich jedoch, weil die Sedimentation des Saxons I noch maßgeblich von den saalischen tektonischen Prozessen gesteuert wird, woraus letztlich die beträchtliche lithofazielle Heterogenität resultiert. Andererseits wird erwogen, den Buntsandstein als Spätmolasse an das Ende des Orogenstadiums zu stellen. Dagegen spricht, daß direkte Beziehungen zum variszischen Orogen nicht mehr existierten und dieser molassoiden Fazies die nichtklastische karbonatisch-sulfatisch-halitische Fazies des Zechsteins vorangegangen ist.

Eine weitere Möglichkeit besteht darin, das Tafelstadium mit dem Saxon II beginnen zu lassen. Dagegen können mehrere Argumente angeführt werden:

1. Das Saxon II zeigt zwar gegenüber dem Saxon I und besonders im Vergleich zum Autun eine uniforme Ausbildung, hat aber bei weitem noch nicht die Gleichförmigkeit des lithologisch analogen Unteren und Mittleren Buntsandsteins erreicht.
2. Die expansive Entwicklung des Saxons II, die als eine Embryonalphase des Tafelstadiums interpretiert werden könnte, endete „regressiv" mit der Nivellierung des Sedimentationsbeckens (vgl. KATZUNG 1978). Erst nach längerer Sedimentationsunterbrechung, die zumindest das gesamte Kasan umfaßt, setzte mit der Ingression bzw. Transgression des Zechsteinmeeres weit über die Ränder des Saxonbeckens hinweg eine völlig neue Entwicklung ein.

3. Trotz aller Unterschiede zwischen Saxon I und Saxon II fällt es in den weitaus meisten Fällen bei mehr oder weniger „vollständiger" Entwicklung des Saxons schwer, eine exakte Abgrenzung zwischen beiden durchzuführen.

Aus diesen Gründen wird das Saxon II als Spätmolasse an das Ende des variszischen Orogenstadiums gestellt.

Zusammenfassung

Die variszischen Molassen umfassen Ablagerungen des Grundgebirgs- und des Übergangsstockwerks (Geosynklinal- und Orogenstadium). Daraus resultiert eine Einteilung in prätektogenetische und posttektogenetische Molassen. Letztere untergliedern sich in Früh-, Haupt- (mit prätaphrogenetischer, taphrogenetischer und posttaphrogenetischer Unteretappe) und Spätmolassenetappe. Lateral ist eine Gliederung nach der Position zum Tektogen möglich: intra- und peritektogene Molassen sowie exotektogene Molassoide. Auf der postasturischen Peneplain des äußeren Variszikums und des Vorlandes wurden die posttektogenetischen Molassen abgelagert. Diese Bildungen lassen eine Zweiteilung in Eruptiv- (Autun) und Sedimentserie (Saxon) erkennen. Die Grenze zwischen Haupt- und Spätmolassenetappe liegt innerhalb der Sedimentserie. Mit dem Saxon endete die Molassesedimentation.

Резюме

Варисцийские молассы охватывают отложения древнего складчатого фундамента и переходного этажа (геосинклинальная и орогенная стадия). Из этого вытекает подразделение на дотектогенетические и послетектонические молассы. Последные подразделяются на ранние, основные (с дотафрогенетическим, и послетафрогенетическим подэтапами) и поздные молассовые этапы. Латерально возможно расчленение по позиции к тектогену: интра- и перитектогенные молассы как и экзотектогенные молассоиды. На послеастурийском пенеплене крайнего варисцийского и предполя отлогались послетектогенетические молассы. Эти образования показывают двучленение на эруптивную (отенийскую) и осадочную саксонскую) серии. Граница между основным и поздним молассовыми этапами лежит внутри осадочной серии. В саксоне кончается молассовая седиментация.

Summary

The Variscian molasses include deposits of the basement and transition structural lavel (geosynclinal and orogenetic stage), from which results a division into pretectogenetic and posttectogenetic molasses. The latter are subdivided into an early, main (with pretaphrogenetic, taphrogenetic and posttaphrogenetic substage) and late molasse stage. Laterally the molasses can be subdivided in respect of the position to the tectogene, i.e. intra- and peritectogenetic molasses and exotectogenetic molassoids. At the postasturian peneplain of the exterior Variscides and the foreland the posttectogenetic molasses were deposited. These formation shows a bipartition into an eruptive series (Autunian) and a sedimentary one (Saxonian). The boundary between the main and the late molasse stage lies within the sedimentary series. The molasse sedimentation faded during the Saxonian.

Literatur

ANDREAS, D.; HAUBOLD, H.; KATZUNG, G.: Zur Grenze Stefan/Autun (Karbon/Perm). — Z. geol. Wiss., 3, 699—716, Berlin 1975.

HIRSCHMANN, G.; HOTH, K.; KLEBER, F.: Die lithostratigraphische Gliederung des Oberkarbons im Bereich der Inseln Rügen und Hiddensee. — Z. geol. Wiss., 3, 985—996, Berlin 1975.

KATZUNG, G.; SIGENEGER, W.-D.: Zur Verbreitung und Ausbildung des Rotliegendsalinars in der Mitteleuropäischen Senke. — Vortrag Tagung Ges. Geol. Wiss. DDR „100 Jahre Barrentheorie", Erfurt 1976.

KRAMER, W.; MUCKE, D.: Beziehungen zwischen Magmatiten und Sedimenten in sedimentären Komplexen. — Z. geol. Wiss., 1, 531—548, Berlin 1973.

SCHMIDT, K.; FRANKE, D.: Stand und Probleme der Karbonforschung in der Deutschen Demokratischen Republik. Teil I: Unterkarbon. — Z. geol. Wiss., 3, 819—849, Berlin 1975.

SCHMIDT, K.; KATZUNG, G.; FRANKE, D.: Zur Entwicklung des präpermischen Untergrundes und des Magmatismus im nördlichen Mitteleuropa. — Z angew. Geol., 23, 9, 426—436, Berlin 1977.

Geochemische Bedingungen der Lagerstättenbildung im sedimentären Bereich[1])

Rösler, H.-J.; Starke, R.; Blankenburg, H.-J.; Beuge, P., Freiberg

Wenn es aus einem System dispers verteilter Komponenten zur Anreicherung einer oder mehrerer Komponenten kommen soll, müssen erstens diese Komponenten unterschiedliche Eigenschaften haben und zweitens Faktoren auf sie einwirken, die diese unterschiedlichen Eigenschaften für eine Selektion nutzen können. Im geologischen Bereich sind solche Komponenten die verschiedenen Isotope, Elemente und Minerale; ihre Verteilung (Konzentration und Dispersion) während der geologischen Vorgänge wird durch die geochemischen Migrationsfaktoren gesteuert. Wir unterscheiden hier erstens die substanz(atom)eigenen = inneren Faktoren, zweitens die milieu- bzw. systemeigenen Faktoren sowie drittens die auf die Substanz und das Milieu wirkenden = äußeren Migrationsfaktoren. Diese haben in den verschiedenen geologischen Bereichen sehr unterschiedliche Qualität, Wirkung und Bedeutung. Dies wird in Tab. 1 in grobschematischer Form dargestellt.

Es ist zusammenfassend festzustellen, daß im sedimentären Bereich einige Migrationsfaktoren entweder fehlen bzw. eine sehr starke Wirkung haben, oder ihre Wirkung hat eine große Schwankungsbreite (speziell bei den systemeigenen Faktoren). Diese Spezifik des sedimentären Bereichs (gegenüber dem metamorphen und magmatischen Bereich) hat natürlich ihre Ursachen, die weitgehend bekannt sind und hier für die geochemische Aussage zusammengefaßt werden sollen. Wir stellen fest, daß die Migration und Mineralbildung im sedimentären Bereich gekennzeichnet ist:

a) durch geringe Temperatur und geringen Druck;

b) durch die überragende, vielseitige und praktisch allgegenwärtige Rolle des Wassers;

c) durch die nur hier wirkenden und in ihrer Intensität stark schwankenden Faktoren „kosmische Energie" und „biologische Wirkung";

d) durch ein allgemein höheres, aber lokal stark schwankendes Oxidationspotential;

e) durch die augenfällige große Auswirkung der Gravitation (infolge der hohen Dichteunterschiede im luft- und wasserdispersen System in Abhängigkeit vom Oberflächenrelief);

f) durch die überragende Bedeutung der Kolloide und der Sorption.

Tab. 1. Die Bedeutung der Migrationsfaktoren in den drei wichtigsten geologischen Bereichen

Art des Migrationsfaktors	geologischer Bereich		
	sedimentär	metamorph	magmatisch
A. Innerer Migrationsfaktor			
1. Ionen- bzw. Atomwichte	×××	0–×	××
2. Isomorphie (Diadochie, einschl. Gitterenergie)	0–××	××	×××
B. Systemeigene Migrationsfaktoren (Milieufaktoren)			
1. Konzentration und Löslichkeit	×–×××	×	××
2. Redoxpotential	0–×××	××	××
3. pH-Wert	0–×××	×	××
(4. Sorption/Ionenaustausch)	×××	×	×
C. Äußere Migrationsfaktoren			
1. Kosmische Energie	×××	0	0
2. Erdwärme (Wärmefluß einschl. Radioaktiv.)	0–×	××	×××
3. Druck	×	(×-)×××	××
4. biologische Faktoren	×××	0	0

Eingang des Manuskripts in der Redaktion: 12. 8. 1976.

[1]) Veröffentlichung Nr. 398 der Bergakademie Freiberg, Sektion Geowissenschaften

Will man nun im sedimentären Bereich Element- und Mineralanreicherungen suchen bzw. deuten, so muß man sich an diese Hauptwirkungsfaktoren halten. Sie haben ihre unterschiedliche Bedeutung bei den vielen Teilprozessen des sedimentären Bereichs, bei der Verwitterung, beim Substanztransport in gelöster, kolloidaler und klastischer Form, bei der Sedimentation und der Diagenese. Bei jedem dieser Teilprozesse kann es zu selektiven Anreicherungen kommen. So führt die selektive Verwitterung (als selektive Stoffmobilisation) zur Bildung von Rückstandslagerstätten, der selektive Transport, z. B. zu Seifenlagerstätten, die selektive Sorption zu bestimmten Erzlagerstätten und die selektive Ausfällung z. B. zu Salzlagerstätten. Eine besondere Rolle spielen Vorgänge der Migration, die sich nach Ablagerung der Sedimente in diesen durch Infiltration und Diagenese abspielen und die zur Bildung von Lagerstätten der Erze, Kohlenwasserstoffe und mineralisierter Wässer führen können.

Ein normal ablaufender Migrationsprozeß, etwa die Verwitterung oder der Transport, befindet sich in einem gewissen Gleichgewicht. Die selektive Herausnahme und Anreicherung eines Elements oder Minerals erfolgt in der Regel nur, wenn sich einer oder mehrere der in diesem „Gleichgewicht" wirkenden Migrationsfaktoren ändern. Eine lagerstättenkundlich interessante Anreicherung geschieht nur dann, wenn diese Änderung in einem zeitlich und räumlich möglichst kleinen Intervall erfolgt.

Die sowjetischen Geochemiker haben, uns insbesondere durch die Arbeiten von Perelman bekannt, für diesen Änderungsbereich der Migrationsfaktoren im sedimentären Bereich (Hypergenese) den Begriff der „geochemischen Barriere" eingeführt. Er ist sehr anschaulich und wissenschaftlich-systematisch so entwickelt, daß er eine gute Basis für das geologisch-geochemische Denken der Geowissenschaftler darstellt. Wir haben diesen Begriff heute schon erweitert und wenden ihn auch im Bereich der endogenen Lagerstätten an. Wir können daher den Begriff wie folgt definieren: „Geochemische Barrieren sind geologische Bereiche, in denen durch Veränderung der Migrationsfaktoren auf kurze Entfernung eine starke Verringerung der Migrationsintensität erfolgt, was zu einer Konzentration der Elemente (bzw. Minerale) führt." In Tab. 2 ist eine

Tab. 2. Übersicht über die geochemischen Barrieren (aus PERELMAN 1972 mit Ergänzungen)

	Barrierentyp	geochemisches Milieu		Konzentration von Elementen	wirkender Migrationsfaktor	Beispiele
		vor der Barriere	nach der Barriere			
Physikochemische Barrieren	Fe- u. Mn-Oxidbarriere	gleyig	oxydierend	Fe, Mn	Redoxpotential	Rasen- u. See-Erze
	oxydierende S-Barriere	reduzierend (H_2S)	oxydierend	$S^{\pm 0}$	Redoxpotential	Schwefellagerstätten
	H_2S-Barriere	oxyd. oder gleyig	reduzierend (H_2S)	Fe, V, Zn, Ni, Co, Cu, Pb, U, Hg, Se, Ag	Redoxpotential	Schwarzschiefer, Kupferschiefer und -sandstein, epigenet. Uranlagerstätten
	Gley-Barriere	oxydierend	gleyig	U, Se	Redoxpotential	epigenet. Uranlagerst., ged. Kupfer in Sümpfen
	Sulfat-Barriere	karbonat. o. chloridisch	sulfatisch	Ba, Sr, Ca	Konzentrat. -bzw. Löslichkeitsprod.	Sulfatlagerstätte (Gips, Anhydrit, Cölestin, Baryt)
	Alkali-Barriere	neutral, sauer oder alkalisch	stärker alkalisch	Fe, Cu, Mg, Mn, Ni, Co, Sr, V, Cr, Cu, Zn, Pb	pH	Sekundäre Aureolen in Karbonatgesteinen, Bentonitlagerstätten
	Säure-Barriere	neutral, sauer, alkalisch	stärker sauer	SiO_2, Mo, Se, U	pH	epig. U-Se-Mo-Lagerst., Ton- u. Kaolinlagerstätten
	Verdampfungs-Barriere (Evaporit)	schwach mineral. Wässer	hochmineral. Wässer u. Rückstände	Cl, S, F, N, J, Br, U, Mo	Konzentration bzw. Löslichkeit (Kosm. Energie)	Lagerstätten d. Halogenide (Kali, Steinsalz), Sulfate (Gips, Anhydrit) u. Karbonate (Kalkstein, Dolomit)
	Adsorptions-Barriere	wenig aktive Wässer		P, S, V, Cr, Zn, Ni, Co, U, As, Mn, Mo	Sorption	sekundäre Aureolen in Tonen, Böden, Torfen
	Mechanische Barrieren	stark mechan. Transport durch Wasser	geringer mech. Transport oder Wind	Fe, Ti, Zr, C, Cr, Nb, Th, Ta, Sn, Au, Pt u. a.	Dichte bzw. Gravitation	Seifenlagerst. von Diamant, Gold, Kassiterit, Rutil, Zirkon, Kies- u. Sandlagerst.
	Biogeochemische Barrieren	verschieden	verschieden	V, J, Ge, Se, Mo, Ni, B, P, S, N u. a.	biolog. Faktoren	Guano, sekundäre Aureolen u. erzfreie Anomalien in Humushorizonten

Übersicht über die wichtigsten Barrierentypen, speziell für den sedimentären Bereich gegeben.

Verwitterung, Transport und Sedimentation ändern sich im Lauf der Erdgeschichte, haben also historischen Charakter. Da die bisher aufgezeigten Gesetzmäßigkeiten von den rezenten Bedingungen an der Erdoberfläche ausgehen, ist ihre Extrapolation (im aktualistischen Sinne) in die Erdvergangenheit nur begrenzt zulässig. Es hat sich also jeder Geowissenschaftler, der sich mit älteren Sedimenten befaßt, über die Berechtigung dieser Extrapolation klar zu werden. Obwohl wir wenig Genaues über die Wechsel des Einflusses der kosmischen Energie und die Zusammensetzung und Schutzwirkung der Atmosphäre wissen, sind indirekt aus der Entwicklung der geologischen Materie wichtige Schlußfolgerungen zu ziehen. Konkreter soll die Abhängigkeit der Sediment- und Lagerstättenbildung von den Milieubedingungen vergangener geologischer Epochen speziell an der Erdoberfläche in Abb. 1 gezeigt werden.

Es ist hinzuzufügen, daß diese Bedingungen zusätzlich, und z. T. kausal verknüpft, von den Ausgangsgesteinenen der Verwitterung, von dem meist orogenetisch bedingten Relief bzw. der Paläogeographie sowie dem Klima beeinflußt werden. Für unsere geologischen Verhältnisse in Mitteleuropa ist abzulesen, daß mindestens in Sedimenten mit einem Alter von 500 Mill. Jahren und mehr die veränderten Umweltbedingungen beachtet werden müssen.

Zum Abschluß soll versucht werden, einige unserer Elementkonzentrationen und Lagerstätten in dieses geochemische System einzuordnen. Wir wollen uns dabei auf die jüngeren Sedimente beschränken, die sich auf den hauptsächlich varistisch versteiften Gebieten Mitteleuropas, speziell der DDR, bildeten. In diesem kratonalen Bereich haben sich unter terrestrischen und Schelfbedingungen bei verwitterungsbegünstigenden klimatischen und bruchtektonischen Einflüssen eine Reihe typischer und interessanter Konzentrationsvorgänge abgespielt.

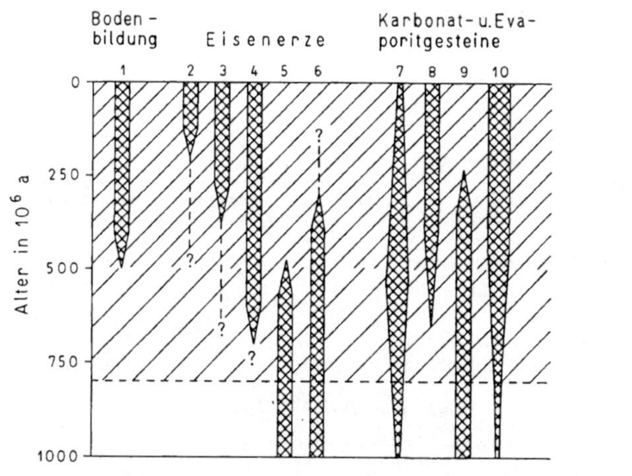

Abb. 1. Sediment- und Lagerstättenbildung in Abhängigkeit von den sich historisch ändernden Milieubedingungen

enge Strichelung: hohes Oxydationspotential in der Atmosphäre; – weite Strichelung: niedriges Oxydationspotential in der Atmosphäre; – fehlende Strichelung: reduzierendes Milieu in der Atmosphäre

1 – Bodenbildung; 2 – Erze der Verwitterungskruste; 3 – See- und Sumpferze; 4 – marine Hydrogoethit-Chamosit-Erze; 5 – Jaspiliterze; 6 – Vulkanisch-sedimentäre Erze; 7 – chemogene Kalksteine; 8 – biogene Kalksteine; 9 – primär-chemogene Dolomite; 10 – Evaporite

Beginnen wir mit den leichtverständlichen mechanischen

Zeitschrift für angewandte Geologie, Bd. 23 (1977), Heft 12

geochemischen Barrieren. Hier sind als erstes die jurassisch-kretazischen Eisenerze einzuordnen. Als Raseneisenerze durch eine Fe-Mn-Oxid-Barriere unter humiden klimatischen Bedingungen gebildet, werden sie meist durch halokinetische Vorgänge in das Erosionsniveau gehoben, im Schelfstrandbereich des transgredierenden Meeres klastisch und seifenartig resedimentiert. H_2S- und CO_2-Barrieren rufen dabei gelegentlich sulfidische und karbonatische Um- und Neubildungen hervor.

Auch die Zinnseifen des Erzgebirges gehören hierher. Unter terrestrischen und flachmeerischen Sedimentationsbedingungen kommt es dabei zu folgenden durchschnittlichen Konzentrationen in einigen postvaristischen Sedimenten des Erzgebirgsbereichs (nach RÖSLER & FAY 1971):

Perm	2,5 ppm	SnO_2
Kreide	7,0 ppm	SnO_2
Tertiär	100,0 ppm	SnO_2
Quartär	500,0 ppm	SnO_2

Nicht zu vergessen sind in dieser Barrierenkategorie die rezenten und subrezenten seifenartigen Anreicherungen von Schwermineralen und Bernstein im Ostseebereich. Zu den mechanischen geochemischen Barrieren müssen wir im weiteren Sinne auch die Sande und Sandsteine zählen, zumindest bestimmte Kategorien. Hier wären z. B. die Glassande aufzuführen, obwohl über den Charakter ihrer Bildung noch nicht das letzte Wort gesprochen ist.

Als riesige biogeochemische Barrieren sind unsere tertiären Braunkohlenlagerstätten anzusehen. Vor allem in den südlichen Randgebieten haben sie syn- und postgenetisch eine Reihe von Elementen wie Fe, Pb, Zn, Ge, U angereichert, wobei es nicht in jedem Fall ganz einfach ist, zwischen dem Charakter einer biogeochemischen und Sorptionsbarriere zu unterscheiden. Ähnlich ist es mit den Braunkohlenquarziten, bei denen der Charakter einer Säurebarriere zu erkennen ist, sowie bei den Schwefelkiesanreicherungen speziell im W und NW der Republik, wo eine H_2S-Barriere eine Rolle spielt. Vergleichbare Bedingungen herrschen bei der Bildung von Feuerstein in der Rügener Schreibkreide und Markasitknollen in einigen Tonen. Da diese verschiedenen Barrieretypen z. T. kausal miteinander verknüpft sind, sollten solche Doppelfunktionen bei der systematischen Zuordnung nicht stören. Schwieriger ist es schon, in den Salzkohlen eine klare Unterscheidung des Barrieretyps zu treffen.

Das, was an den Braunkohlen beobachtet werden kann, gilt teilweise auch für einige rezente Torfe und Hochmoore, die z. T. interessante „Fallen" für einige Elemente darstellen. Zur Abrundung sei noch auf die biogeochemische Barriere in Form der Kieselgurlagerstätten hingewiesen, deren genetische Besonderheiten zur Zeit bearbeitet werden.

Als Übergang zu den physikochemischen Barrieren seien hier die Sorptionsbarrieren aufgeführt. Als Sorbenten treten insbesondere kohlige Einlagerungen in den Sedimenten sowie meist montmorillonithaltige Tone selbst auf. Sie sind in der Lage, Buntmetalle, U, V und andere Elemente bis zu bauwürdigen Dimensionen anzureichern. Aber auch hier ist oft der Reduktionsvorgang überlagernd zu der Sorption zu beobachten. In diesem Zusammenhang ist die sogenannte „Schichtoxydation" zu nennen, wie sie in Abb. 2 dargestellt ist.

Auf den gemischten Typ einer Sorptions-H_2S-Barriere in Form der Schwärzschiefer, insbesondere des Kupfer-

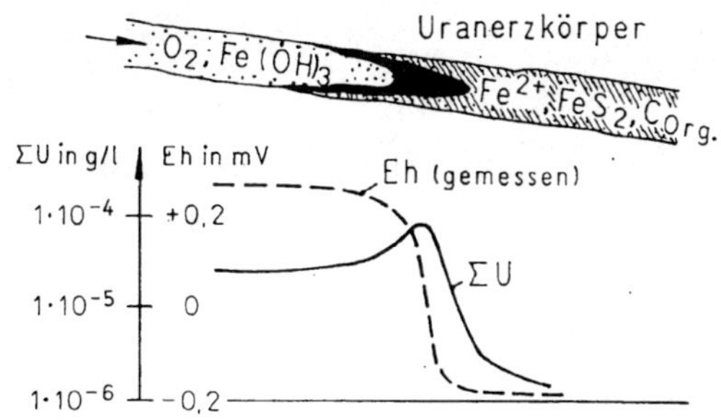

Abb. 2. Darstellung einer Redoxbarriere („Schichtoxydation") am Beispiel einer Uranmineralisation (nach PERELMAN 1972)

schiefers, sei hier randlich hingewiesen. Es wären sicher noch weitere Beispiele aufzuführen, in denen eine geochemische Barriere zu einer Elementkonzentration geführt hat.

Abschließend sei festgestellt, daß die Kenntnisse der geochemischen Bedingungen bei der Elementkonzentrierung ein wichtiges Hilfsmittel für die Suche im sedimentären Bereich darstellt. Wir sind absichtlich nicht auf die verschiedenartigen geochemischen und anderen Methoden eingegangen, diese Bedingungen festzustellen und auszuwerten. Auf jeden Fall kommt jedoch der lithologisch-faziellen Analyse der Sedimente, insbesondere auch mit geochemischen Methoden, steigende Bedeutung zu. Da das Gebiet der DDR zu 4/5 aus Sedimenten und Sedimentgesteinen besteht, sollte man dies nicht vergessen. Grundlegend bleibt jedoch die Schulung aller in Sedimenten arbeitenden geologischen Kader über die theoretischen Möglichkeiten der Elementkonzentration unter bestimmten geologisch-geochemischen Bedingungen. Nur dann kann eine Suche zielgerichtet verlaufen.

Zusammenfassung

Ausgehend von den Migrations- und Mineralbildungskriterien im sedimentären Bereich wird die Rolle und Bedeutung der geochemischen Barrieren, deren Anwendbarkeit auch für den Bereich der endogenen Lagerstätten für möglich angesehen wird, dargelegt und an einigen Beispielen erläutert.

Резюме

Исходя из критериев миграции и образования минералов в осадочной сфере обсуждается роль и значение геохимических барьеров, применяемость которых считается возможно и для области коренных месторождений как и объясняется некоторыми примерами.

Summary

On the basis of criteria for the formation of migration and minerals in the sedimentary area the role and significance of geochemical barriers are described and illustrated by some examples, whose applicability to endogenous deposits is also considered to be possible.

Literatur

PERELMAN, A. I.: Geochemie epigenetischer Prozesse in der Zone der Hypergenese (russ.). — Moskau 1972.

Zu hydrogeologischen Eigenschaften der Verwitterungszonen erzgebirgischer Gneise

SAKER, I.; JORDAN, H., Freiberg

Sektionsveröffentlichung Nr. 491 der Sektion Geowissenschaften der Bergakademie Freiberg, Wissenschaftsbereich Hydrogeologie

1. Einleitung

Wasserversorgungsprobleme im Bereich primär nicht grundwasserführender Festgesteinskomplexe erfordern aus volkswirtschaftlichen Erwägungen eine grundlegende Betrachtung der Grundwassergewinnungsmöglichkeiten. Dabei bieten sich grundsätzlich zwei Möglichkeiten an, wenn man von außerhalb dieser Betrachtung stehenden Grundwasserakkumulationen in Talschottern absieht, nämlich eine Wassererschließung in den Verwitterungs- sowie Zerrüttungszonen. Die Untersuchung der ersteren ist vielversprechender, weil universeller anwendbar, wenn auch die Speicherbedingungen und -volumina von vornherein begrenzt und damit nur für Kleinversorgungen interessant sind.

Hinzu kommt, daß Verwitterungszonen auf Festgesteinskomplexen wasserwirtschaftlich oft spontan genutzt werden; über deren hydrogeologische Gesetzmäßigkeiten jedoch wenig bekannt ist, so daß bisher eine systematische Ausnutzung erschwert ist. Aus diesem Grunde wurden „autochthone" Verwitterungszonen[1]) von Gneisen hinsichtlich ihrer hydrogeologischen Eigenschaften untersucht. Sie besitzen für Kleinwasserversorgungen wegen ihrer Verbreitung im an Lockergesteinen armen Erzgebirge vorrangige Bedeutung. Zur Prüfung der Übertragbarkeit der Ergebnisse auf andere Festgesteinsbereiche wurden Verwitterungszonen von Porphyren und Sandsteinen ebenfalls untersucht, deren Ergebnisse in einer späteren Publikation vorgelegt werden sollen.

Das Ziel dieser Untersuchungen war neben den unmittelbaren Erschließungsauswertungen unter anderem eine Übertragbarkeit der gewonnenen Erkenntnisse und Gesetzmäßigkeiten auf alle ähnlichen „autochthonen" Verwitterungsbereiche. Allochthone, eindeutig umgelagerte Verwitterungsbildungen, einschließlich solcher mit fossilen Böden, wurden nicht betrachtet.

2. Untersuchungsgegenstand und Untersuchungsweg

Der Gneis tritt oberflächig in großen Teilen des Erzgebirges auf, seine Verwitterungszone kann für die natürliche Grundwasserspeicherung in Frage kommen und infolgedessen wasserwirtschaftliches Interesse erlangen. Es handelt sich um ein Gestein, das außerhalb der Verwitterungszonen und Zerrüttungszonen kein wirtschaftlich interessierendes Grundwasser führt.

Der untersuchte Freiberger Gneiskomplex liegt in flacher Antiklinalposition und führt in den Untersuchungsgebieten weitgehend Verwitterungszonen. An den Hängen und in den Haupt- und Seitentälern finden sich allochthone Bildungen.

Der Gneis als Ausgangsgestein der Verwitterungsbildung ist ein Biotit-Kalifeldspat-Plagioklas-Gneis der tiefsten Subfazies (Sillimannit-Almandin-Orthoklas-Subfazies) der Almandin-Amphibolitfazies.

Die sedimentäre Herkunft der grauen (Para-)Gneise ist belegt, ebenso bestehen begründete Auffassungen, daß es sich um präkambrische Serien handelt, deren Metamorphose in neuerer Zeit als „varistisch i. w. S." (ordovizisch bis unterkarbonisch) angegeben wird (vgl. PIETZSCH 1962; HOFMANN & ALDER 1967; HOFMANN 1972, 1974).

Wesentliche Bedeutung für die Ausbildung der Verwitterungszonen haben neben dem petrographischen Aufbau des Ausgangsgesteins Textur und Struktur. In der „autochthonen" Verwitterungszone ist in der Regel die paralleltexturelle Anordnung der Mineralkomponenten zu erkennen. Regionalmetamorphose und Tektonik haben für die Ausbildung der Verwitterungszonen insofern Bedeutung, als sie ihre Mächtigkeit beeinflussen. In Störungszonen kann es zur tiefer reichenden Verwitterung (Verlehmung) durch Feldspatzersatz kommen, der in Gangbereichen bis maximal 20 m Teufe reichen kann. Oberflächlich deuten sich diese Bereiche dann durch Staunässe an.

Weitere Untersuchungsgebiete liegen im osterzgebirgischen Gneisgebiet. Die Gneise sind einmal dem Freiberger Gneis ähnliche Muskowit-Biotitgneise der äußeren, südöstlichen Umrandung des Gneiskomplexes von Sayda. Lithostratigraphisch handelt es sich mit Wahrscheinlichkeit um die obere osterzgebirgische Serie in Almandin-Amphibiolitfazies. Die tektonische Beanspruchung des Untersuchungsgebiets ist wie im Gebiet der Antiklinale von Freiberg varistisch i. w. S., größere Störungszonen sind zumindest im untersuchten Bereich nicht erfaßt.

Am Ostrand des osterzgebirgischen Gneisgebiets wurden nahe der Elbtalzone weitere Profile untersucht. Der Gneis ist hier ein Muskowit-Biotit-Plagioklasgneis der unteren osterzgebirgischen Serien, der z. T. migmatitisch entwickelt ist und stromatitische Varietäten enthält. Er gehört zum Gneiskomplex von Glashütte/Lauenstein. Auch dieser ist der Almandin-Amphibolitfazies innerhalb der Regionalmetamorphose zuzurechnen. Die Nähe des Elbtal-Lineaments führt in diesem Gebiet zu einer sehr engen Klüftung des Grundkörpers. Die Gneisfolge bildet den NE-Flügel einer NW—SE streichenden Antiklinale in Nähe der Grenzfläche zwischen Osterzgebirge und Elbtalzone.

Der geologische Aufbau der Verwitterungszonen ist in erster Linie vom Gesteinskörper, seinem Aufbau, seinen Lagerungsverhältnissen, der Mikro- und Makrotektonik abhängig. Verhältnismäßig homogen ist die Ver-

Eingang des Manuskripts in der Redaktion: 25. 8. 1976.

[1]) Unter „autochthoner" Verwitterungszone ist das aufgelockerte Anstehende mit vorwiegend autochthonem Charakter besonders in den tieferen Teilen der Verwitterungszone zu verstehen. Dagegen sind allochthone Verwitterungsdecken (Solifluktionsschnittdecken, Frost- und Fließdecken usw.) von der Betrachtung möglichst ausgeschlossen.

witterungszone ausgebildet, wenn ausgeglichene geologische Verhältnisse vorliegen. Sie ist wechselhaft entwickelt, wenn durch wechselnde Lagerungs- und Faziesbedingungen starke Inhomogenitäten im primären Gesteinsverband auftreten. Gänge, Störungszonen, Bereiche höherer Klüftigkeit, Sattel- oder Muldenposition, stärkere petrographische Inhomogenitäten u. a. werden sich in verstärktem Maße auf die Ausbildung und Tiefenreichweite der Verwitterungszonen auswirken.
Nach TSCHURINOW (1968) haben folgende Faktoren den größten Einfluß auf die Geschwindigkeit und Intensität der Verwitterung:

1. die mineralogische Zusammensetzung — polyminerale Gesteine werden leichter zerstört als monominerale.
2. der Aufbau des Gesteins — die Widerstandsfähigkeit des Gesteins ist um so größer je dichter und feinkörniger die Struktur ist,
3. die Textur des Gesteins — beispielsweise setzen geschieferte Gesteine der Verwitterung geringeren Widerstand entgegen,
4. die Klüftung — mit zunehmender Klüftung wächst die Verwitterungsgeschwindigkeit,
5. die hydrophysikalischen Eigenschaften des Gesteins — d. h., Gesteine mit hoher Wasseraufnahmefähigkeit und schwacher Wasserabgabe unterliegen in verstärktem Maße der physikalischen Verwitterung (z. B. durch Frostverwitterung).

„Die Geschwindigkeit der Verwitterung wächst in der Regel in dem Maße, wie sich der Unterschied zwischen den thermodynamischen Bedingungen der Bildung der Gesteine und den Bedingungen, unter denen die Verwitterung abläuft, vergrößert" (TSCHURINOW 1968). Die chemisch aktiven Teile von Atmosphäre und Hydrosphäre führen zu Oxidation, Hydratation, Lösung oder Hydrolyse innerhalb des Gesteins.

Zonierung der Verwitterungszone

In der vertikalen Abfolge sind in Anlehnung an TSCHURINOW (1968) zu unterscheiden:

Verwitterungszone	— Zone der vollständigen Zerkleinerung	— Zone I
	— Feinklastische oder Schuttzone	— Zone II
	— Blockzone	— Zone III
	— Monolithzone (Grundkörper)	— Zone IV

Alle Zonen sind durch mehr oder weniger allmähliche Übergänge miteinander verbunden.
Die Zone I ist bei starker Vegetation und Durchwurzelung in einen oberen Bereich Ia und einen unteren Bereich Ib zu untergliedern, die beide unterschiedliche hydrogeologische Parameter aufweisen.
Bei der Auswahl der Untersuchungsgebiete (Abb. 1) wurde beachtet, daß

a) „autochthone" Verwitterungszonen vorlagen, weshalb ebene Hochlagen bzw. größere, flachwellige Bereiche für die Auswahl der Profile in Frage kamen. „Autochthone" Verwitterungszonen weisen reproduzierbare Parameter auf, während in allochthonen Verwitterungszonen reproduzierbare gesetzmäßige Veränderungen kaum zu erwarten sind.
„Autochthone" Verwitterungszonen wurden nach topographischer Position, sowie der Struktur und den allmählichen Veränderungen mit der Tiefe ausgegliedert.

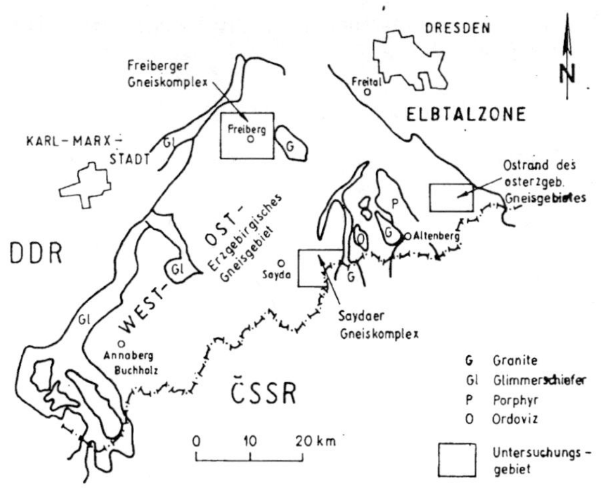

Abb. 1. Lage der Untersuchungsgebiete

Das „autochthone" Verwitterungsprofil des Gneises ist daran zu erkennen, daß es noch weitgehend Textur und Struktur des Grundkörpers erkennen läßt.

b) sich die Verwitterungszone möglichst in Gebieten weitgehend homogener petrographischer Ausbildung befand; ferner sollten

c) die Blockzone und der obere Bereich der Monolithzone in die Untersuchungen einbezogen werden, weil dieser untere Bereich der Verwitterungszone die Speichereigenschaften positiv beeinflußt und sehr wesentlich für die Grundwasserspeicherung ist. Da repräsentative Aufschlüsse in diesem Bereich fehlten, wurden die hydrogeologischen Eigenschaften über WD-Tests und Zementeinpressungen im Gebiet von Talsperren des Untersuchungsgebiets abgeleitet.

Auf der Grundlage der bisher vorliegenden Erkenntnisse wurden die Untersuchungen wie folgt durchgeführt:

A Feldarbeiten

a) Profilauswahl
b) Makroskopische Profilaufnahme der Verwitterungszone
c) Messung der Infiltrationsraten (in-situ-Messungen)
d) Entnahme gestörter und ungestörter Proben zur Laborauswertung
e) Untersuchungen zur Wasserführung der Verwitterungszonen

B Laborarbeiten

a) Bestimmung des grundwassererfüllbaren Hohlraumanteils (nach GOLF 1965)
b) Bestimmung des Wasserabgebevermögens
c) Bestimmung der Durchlässigkeit
d) Bestimmung der Korngrößenverteilung
e) Röntgenographische Untersuchung der mineralogischen Zusammensetzung der Verwitterungszone

Diese Untersuchungen erfolgten jeweils für die oberen Bereiche der Verwitterungszonen (Zone der vollständigen Zerkleinerung (I) und Schuttzone (II).

C Auswertung von Wasserdurchlässigkeitsprüfungen und Zementeinpressungen[2]) im Bereich von Block- und Monolithzone zur Bestimmung des teufenabhängigen Verhaltens von Durchlässigkeits- und Porositätswerten.

[2]) Die Auswertung erfolgte auf der Grundlage von Werten, die der VEB Geologische Forschung und Erkundung Halle, BT Freiberg freundlicherweise zur Verfügung stellte. Die Berechnung der Durchlässigkeit erfolgte nach SNOW (1968).

3. Ergebnisse der Untersuchungen der Verwitterungszone des Gneises

Granulometrische Zusammensetzung

Nach Profilaufnahme und mechanischer Analyse ist festzustellen, daß die Verwitterungszonen des Gneises im oberen Bereich der Zone der vollständigen Zerkleinerung (I) granulometrisch vorwiegend aus schluffig-kiesigem Sand und schluffigem Sand bestehen (vgl. Angaben zu d_{10}, d_{60} in Abb. 2, 5). Durch Kohäsion an Feinkörnern und Kolloiden ist dieser obere Teil der Verwitterungszonen stärker gebunden und verdichtet als die tieferen Teile. Darunter ist das Verwitterungsmaterial granulometrisch als kiesiger Sand bzw. sandiger Kies anzusprechen. Die innerhalb der Verwitterungszone mit ihren schluffigen Varietäten gebildeten Aggregate aus Gneiszersatz und Verwitterungsmaterial (Quarz, Chlorit, Feldspat, Biotit u. a.) sind in den tieferen Teilen der Verwitterungszone (Schuttzone) gröber; die Aggregatgröße nimmt im Gegensatz zu ihrer Festigkeit generell mit der Tiefe zu.

Bei einem Vergleich der makroskopischen Ansprache mit den Ergebnissen der mechanischen Analyse hinsichtlich der lithologischen Charakteristik ist zu beachten, daß durch die Behandlung der Proben der Schuttzone eine Zerkleinerung der Aggregate und Krümel eintritt, so daß die Analysenangaben zur Korngrößenverteilung zu ungunsten der hydrogeologischen Eigenschaften des unteren Teils der Verwitterungszonen verschoben wird. Umgekehrt ist es im höchsten Teil der Verwitterungszone (Zone Ia) der Fall, wo die durch Kohäsion zusammenhaftenden Feinstkornanteile sicher nicht ausreichend getrennt werden können, so daß die daraus abgeleiteten hydrogeologischen Eigenschaften relativ zu günstig ausfallen.

Hinsichtlich des lithologischen Aufbaus der Verwitterungszone sind die Gneisvarietäten, die wir im Untersuchungsgebiet antreffen, mehr aber noch die verbreiteten Inhomogenitäten auf kleinem Raum von Bedeutung. Diese Inhomogenitäten sind teils primär im Gestein vorhanden, teils durch die Lagerungsverhältnisse, Störungen, Mylonite usw. bedingt. In Abhängigkeit von Inhomogenitäten im Ausgangsgestein verändern sich unter Umständen die Verwitterungszonen in ihrer Zusammensetzung und Struktur horizontal und vertikal sehr rasch. Unterschiedliche Färbung und abnorme Größe der Verwitterungsprodukte sind Ausdruck solcher Inhomogenitäten.

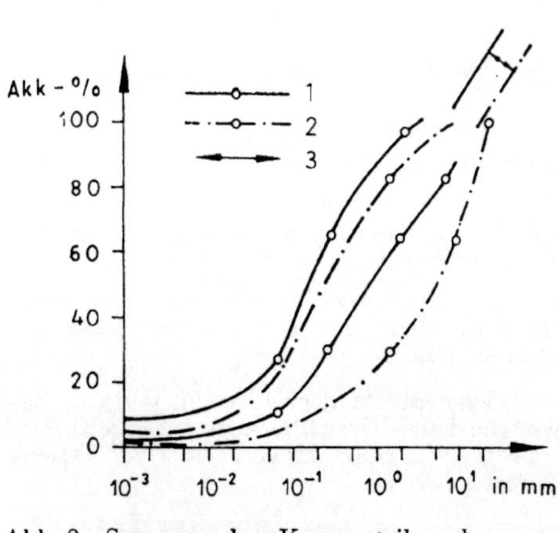

Abb. 2. Summen der Kornverteilungskurven (KVK) in der Verwitterungszone erzgebirgischer Gneise

1 — Ober- und Untergrenze der Kornverteilungskurven in Zone I; 2 — Ober- und Untergrenze der Kornverteilungskurven in Zone II; 3 — mittlerer Abstand der Kornverteilungskurven zwischen Zone I und II

Mächtigkeit

Die Mächtigkeit der „autochthonen" Verwitterungszone des Gneises ausschließlich der Blockzone (III) schwankt zwischen 0,1 und 1,5 m, in Ausnahmefällen ist sie höher. Bei Hinzunahme des hydrogeologisch wirksamen Bereichs von Block- und Monolithzone (III und IV) ergeben sich Mächtigkeiten bis zu 15 m.

Mineralogische Zusammensetzung

Die wesentlichen, nachgewiesenen Minerale der Gneis-Verwitterungszone sind Quarz, Illit, Plagioklas, Kalifeldspat und Biotit; untergeordnet sind Chlorit und Chlorit-Vermiculit-Wechsellagerungen:

— Die Feldspatgehalte nehmen generell mit der Tiefe zu.

— Illitgehalte nehmen generell mit der Tiefe ab. Im gemäßigten Klima verwittert Feldspat zu Illit (LASCH 1970), so daß zwischen beiden eine direkte Wechselbeziehung besteht.

— Chlorit, Biotit, Plagioklas und Vermiculit sind nicht in allen Profilen nachweisbar.

— Glimmerminerale verwittern im humiden Klima zu dioktaedrischem Vermiculit (STARKE 1970). Auf die Umwandlung von Biotit in Chlorit und Vermiculit weisen u. a. PIETZSCH (1962), POHLENZ (1968) und LASCH (1970) hin. Eindeutige Beziehungen zwischen Biotit und Chlorit bzw. Vermiculit sind nicht nachweisbar.

Grundwassererfüllbarer Hohlraumanteil

Aus Gründen der eindeutigen Definition empfiehlt es sich, generell von grundwassererfüllbarem Hohlraum zu sprechen, wenn man die Nutzporosität, das nutzbare Porenvolumen, Kluft- oder Spaltenvolumen meint.

Folgende Tendenzen sind erkennbar:

— Mit zunehmender Teufe deutet sich bis zur Blockzone (III) eine generelle Zunahme des grundwassererfüllbaren Hohlraumanteils an.

— Die ermittelten Werte von Gesamtporosität und grundwassererfüllbarem Hohlraumanteil belaufen sich auf (Mittelwerte):

	total	grundwasser-erfüllt
Zone der vollständigen Zerkleinerung (I)	35,5%	16%
Schuttzone (II)	43,3%	21%

— In der Blockzone (III) ist der grundwassererfüllte Hohlraumanteil indirekt über die Wasseraufnahmewerte reproduzierbar. Im Grenzbereich Block-/Monolithzone (III/IV), also im Übergang zum unverwitterten Gestein, ist ein deutlicher Rückgang zu verzeichnen.

— In der Monolithzone (IV) verhält sich das Wasseraufnahmevermögen bzw. der grundwassererfüllbare Hohlraumanteil diskontinuierlich, was auf tektonisch bedingte Inhomogenitäten im Grundkörper zurückgeführt werden muß.

Durchlässigkeit

Die ermittelten Durchlässigkeitswerte der Verwitterungszone des Gneises bewegen sich nach Felduntersuchungen, Auswertungen von Kornverteilungsanalysen (BEYER 1964) bzw. Durchflußmessungen im Labor (Abb. 3) in folgenden Grenzen:

Zone der vollständigen Zerkleinerung (I):

$5 \cdot 10^{-5}$ m/s bis $2{,}4 \cdot 10^{-5}$ m/s

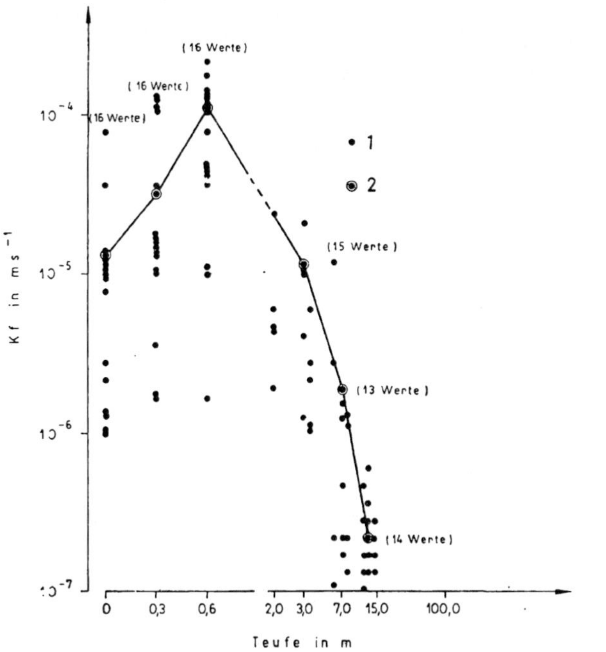

Abb. 3. Abhängigkeit der Durchlässigkeit (K_f) von der Tiefe innerhalb der Verwitterungszone des Gneises

1 – Werte nach Infiltrometermessungen bzw. SNOW (1968); 2 – Mittelwerte

Schuttzone (II):

$1{,}6 \cdot 10^{-4}$ m/s bis $6 \cdot 10^{-5}$ m/s

Blockzone (III):

$0{,}5 \cdot 10^{-4}$ m/s bis $1{,}5 \cdot 10^{-5}$ m/s.

Daraus ist ersichtlich, daß die Durchlässigkeiten der Verwitterungszone des Gneises in der Tendenz mit zunehmender Tiefe zunächst zunehmen und mit Annäherung an den unverwitterten Grundkörper wieder abnehmen. Die Durchlässigkeitsbeiwerte sind in der Schuttzone am günstigsten. Die Durchlässigkeit kann u. a. durch hohe Illitgehalte (quellfähig!) beeinträchtigt werden; das trifft insbesondere für die Zone der vollständigen Zerkleinerung (I) zu, wo die höchsten Illitgehalte festgestellt wurden.

Zusammenfassung der Untersuchungsergebnisse

Eine interpretierende Zusammenfassung der Ergebnisse ergibt für die hydrogeologischen Eigenschaften der Verwitterungszonen erzgebirgischer Gneise folgende Fakten und Tendenzen (Abb. 4, 5):

– Mineralogische Zusammensetzung (unterschiedliche Anteile von Quarz, Feldspäten, Glimmern, Illit, Chlorit, Vermiculit), Gefüge, Bindigkeit und Textur sind entscheidend für die hydrogeologischen Eigenschaften.

– Die beständigsten Gefüge bestehen aus Krümeln mit Feldspat- und Glimmerskeletteilen.

– Das glimmerartige Tonmineral Illit bindet in starkem Maße Wasser, wodurch es zur Quellung und damit zur Verengung der Porenvolumina kommen kann.

– Die Gehalte an Kolloiden und Feinfraktionen (Schluffanteil) sind in der Zone der vollständigen Zerkleinerung (I) am höchsten. Das bedeutet eine größere Verdichtung der Aggregate, geringeren Hohlraumanteil und niedrigere Durchlässigkeitsbeiwerte.

– Die Glimmerführung kann eine bedeutende Rolle für die Durchlässigkeit spielen. Bei laminarer Anordnung der Glimmerblättchen wird die vertikale Durchlässigkeit unter Umständen erheblich beeinträchtigt.

– Die Textur der Verwitterungszone beeinflußt ebenfalls die Durchlässigkeit und das hydrogeologische Verhalten.

– Die Zone der vollständigen Zerkleinerung (I) hat eine Mächtigkeit zwischen 0,10 bis 0,50 m, in unbewaldeten Gebieten (nur solche wurden bisher untersucht) besteht sie aus verdichteten Einzelpartikeln und/oder verdichteten Feinkrümeln. Die wesentlichen Mineralbestandteile sind Tonminerale, Biotit, Feldspat und Quarz.

– Die Durchlässigkeit ist verhältnismäßig gering und beträgt im Durchschnitt $K_f = 3 \cdot 10^{-5}$ m/s.

– Aus den ermittelten Werten ergibt sich eine Transmissibilität von $T = 5 \cdot 10^{-6}$ m²/s.

– Die Ungleichförmigkeit ist gering, der Sortierungskoeffizient relativ hoch.

– Die Schuttzone hat eine Mächtigkeit zwischen etwa 0,30 bis 1,20 m

– Die mineralogische Zusammensetzung ist qualitativ ähnlich der Zone I, jedoch mit höheren Feldspatgehalten und niedrigeren Tonmineralgehalten.

– Das Gefüge ist im allgemeinen aus gröberen Aggregaten zusammengesetzt und weniger verdichtet. Die Aggregate selbst sind von geringer Festigkeit.

– Hohlraumanteil und Durchlässigkeit sind höher als in der Zone I. Die Durchlässigkeit kann mit durchschnittlich $K_f = 1{,}2 \cdot 10^{-4}$ m/s angegeben werden.

– Aus den ermittelten Werten ergibt sich eine Transmissibilität von $T = 1 \cdot 10^{-4}$ m²/s.

– Der Unterschied der Durchlässigkeiten zwischen Schuttzone (II) und hangender Zone I macht etwa eine Zehnerpotenz aus (die Durchlässigkeitsermittlung nach der Kornverteilung – BEYER – und die Feldmessungen unterscheiden sich ebenfalls um maximal eine Zehnerpotenz zugunsten der Feldmessungen).

– Granulometrisch handelt es sich um kiesigen Sand bis sandigen Kies. – Sortierung und Ungleichförmigkeit sind schlechter als im Hangenden.

– Die Porenzwischenräume sind größer, die relativen Haftwasseranteile sind geringer als in der Zone I, der grundwassererfüllbare Hohlraumanteil ist relativ hoch.

Zunahme / Abnahme	GNEIS – Verwitterungszone I	II	III
Granulometrie:			
d_{10}	0,05	0,076	–
d_{60}	0,9	2,2	–
Ungleichformigkeit	17,0	26,0	–
Sortierung	3,06	4,03	–
Schiefe	<1,0	<1,0	–
Quarz	indifferent		–
Feldspat			–
Tonminerale			–
Durchlässigkeit			
kf_{Feld}	$5 \cdot 10^{-5}$	$1{,}2 \cdot 10^{-4}$	$0{,}5 \cdot 10^{-4}$ – $1{,}4 \cdot 10^{-5}$
kf_{Beyer}	$3{,}3 \cdot 10^{-5}$	$6 \cdot 10^{-5}$	
kf_{Labor} in m/s	$2{,}4 \cdot 10^{-5}$	$1{,}6 \cdot 10^{-4}$	–
Hohlraumanteil in Vol-% total	35,5	43,3	
Hohlraumanteil in Vol-% grundwassererfüllt	17	21	14
Wasserabgabe bei pF 1,8 in %	4,5	4,6	–
Wasserabgabe bei pF 2,5 in %	9,7	13,8	–
Mächtigkeit in m	0,1 – 0,5	0,3 – 1,2	5 – >10
Transmissibilität in m²/s	$6 \cdot 10^{-5}$		$1 \cdot 10^{-4}$
Bemerkungen	—	—	

Abbildung 4

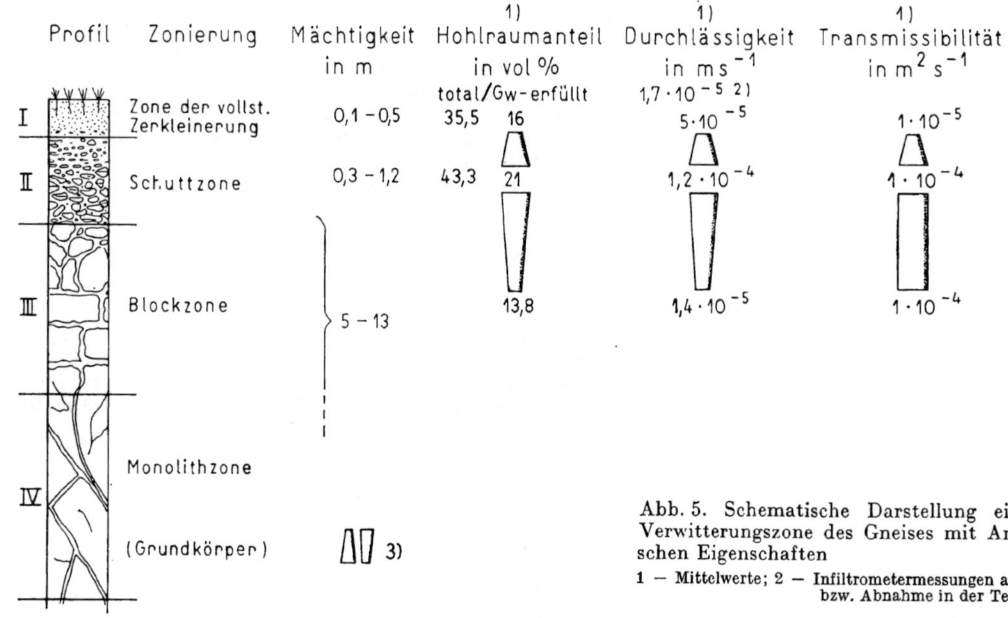

Abb. 5. Schematische Darstellung eines Vertikalprofils der Verwitterungszone des Gneises mit Angaben zu hydrogeologischen Eigenschaften

1 – Mittelwerte; 2 – Infiltrometermessungen an der Erdoberfläche; 3 – Zu- bzw. Abnahme in der Tendenz

Im liegenden Horizont ist grundsätzlich zwischen Block- (III) und Monolithzone (IV) zu unterscheiden:

— Zur Charakterisierung der hydrogeologischen Eigenschaften wurden Daten des WD-Tests herangezogen. Die Zementeinpressung ist vergleichsweise mit beachtet worden, erscheint jedoch grundsätzlich weniger geeignet, weil durch sie eine Deformation und Öffnung der Spalten bzw. eine frühe Verstopfung feiner Risse und Wasserwege verursacht wird (HEITFELD 1965, CAMBEFORT 1969).

— Nach WIEGEL (1964), HEITFELD (1965) und SEILER (1969) sind an der Auflockerung dieses Bereiches neben der physikalischen und chemischen Verwitterung Entspannungsvorgänge und tektonische Beanspruchungen wesentlich beteiligt. Dadurch werden Kluftvolumen und Durchlässigkeit erhöht. Auch die Position des betrachteten Horizonts innerhalb tektonischer Elemente (Sättel, Mulden) ist von hydrogeologischer Bedeutung.

— Innerhalb dieses Horizonts (gebildet aus Block- (III) und Monolithzone) ist eine Abnahme der Durchlässigkeit mit der Teufe festzustellen. Maximale Durchlässigkeiten sind im Grenzbereich Schuttzone (II)—Blockzone (III) vorhanden. Sie schwanken um einen Mittelwert, der der Durchlässigkeit im tiefsten Bereich der Zone II gleichkommt und bei stärkerer tektonischer Beanspruchung über der der Zone II liegen kann (HEITFELD 1965).

— Die Durchlässigkeit in der Blockzone (III) ist durchschnittlich $K_f = 1{,}4 \cdot 10^{-5}$ m/s, kann aber etwa $0{,}5 \cdot 10^{-4}$ m/s erreichen und damit höher liegen als einzelne Werte des Hangenden.
Das stimmt mit Angaben TSCHURINOWS überein. Nach TSCHURINOW kann der Filtrationskoeffizient in der Blockzone sogar bis zu 100 m/d (— $1 \cdot 10^{-3}$ m/s) ansteigen.

— Da die Mächtigkeit der Blockzone (III) nach den Ermittlungen der WD-Tests etwa mit 5, maximal 13 m festgelegt ist, ergibt sich eine Transmissibilität von etwa $T = 1 \cdot 10^{-4}$ m²/s.

4. Zur Grundwasserführung in der Verwitterungszone des Gneises

In den untersuchten Gebieten der Verwitterungszone des Gneises ergaben sich zur Grundwasserführung folgende Erkenntnisse:

— In Gebieten kristalliner Gesteine sind die Verwitterungszonen die Zonen der verbreitetsten Grundwassererschließung.

— Wegen der geringen Durchlässigkeit der Zone der vollständigen Zerkleinerung (I) geht die Versickerung der Niederschläge stark behindert vor sich.

— In der Schuttzone (II) ist eine schnellere Passage des Sickerwassers möglich.

— Die relativ gute Durchlässigkeit der Schuttzone (II) begünstigt hypodermischen Abfluß, bei günstiger Position und Mächtigkeit auch Speicherung größerer Grundwassermengen.

— Das beste Retentionsvermögen weisen Schutt- und Blockzone (II und III) auf, speziell die Zone III. Grundwasserfassungen sollten deshalb die gesamte Verwitterungszone möglichst bis zur Monolithzone (IV) durchteufen.

— Die günstigste Position für die Anlage von Sickerfassungen dürfte unterhalb des Übergangsbereichs Zone III/IV sein.

— Die Speicherung des Sickerwassers dürfte in der Regel im Grenzbereich Schutt-/Blockzone erfolgen.

— Die Menge des gespeicherten Grundwassers hängt vom hydrologischen Angebot ab (Niederschlagshöhe, Größe des Einzugsgebiets usw.) wird aber wesentlich von Durchlässigkeit, grundwassererfüllbarem Hohlraumanteil und Mächtigkeit der leitenden und speichernden Horizonte beeinflußt.

— Innerhalb der Schuttzone erfolgt am raschesten der Ausgleich bei starkem oder niedrigem Niederschlagsangebot. Eine mehr oder weniger deutliche Abhängigkeit der Grundwasserführung vom Niederschlag wird immer vorhanden sein. Bei höherer Mächtigkeit der Zone II und vor allem der Zone III wird sich jedoch am ehesten ein Ausgleich einstellen, so daß in diesen Horizonten auch mit relativ langfristigen Spenden gerechnet werden kann.

— Langfristige Schüttungen einiger Quellen sowie zahlreicher Brunnen geben einen Hinweis auf das verhältnismäßig gute Retentionsvermögen der Verwitterungszone mit mindestens 200 m³/d (∼ 2,5 l/s), maximal 700 m³/d (∞ 8—9 l/s) auf etwa 4 km² Einzugsfläche, entsprechend 0,75 bis 2,3 l/s · km² Grundwasserspende.

— Die höchsten Ergiebigkeiten sind in Abhängigkeit von Niederschlagsangebot und Jahreszeit im Grenzbereich Schutt-/Blockzone (II/III) zu erwarten.

— Brunnenteufen (im Durchschnitt 5,40 m) weisen darauf hin, daß die Wasserfassungen z. T. bis in die Blockzone (III) hinabreichen und vorwiegend die Zonen II und III wasserwirtschaftlich erschließen.

Für anregende Diskussionen sei den Herren Dr. H. HÄNICHEN, Dipl.-Geol. W.-D. OEHME; Dipl.-Forsting. NEUHOFF, VEB Geologische Forschung und Erkundung; sowie Prof. Dr. F. REUTER, Bergakademie Freiberg, gedankt.

Zusammenfassung

Die Verwitterungszone des Gneises wird hydrogeologisch und hinsichtlich ihrer potentiellen Grundwasserführung charakterisiert. Dazu wurden Infiltrometermessungen, Sieb- und Schlämmanalysen, Röntgenanalysen und Durchlässigkeitsbestimmungen durchgeführt. Die günstigsten hydrogeologischen Bedingungen liegen im allgemeinen in der Auflockerungszone oberhalb der Monolithzone. Es werden hydrogeologische Zonen I ... III ausgehalten, die hinsichtlich ihrer Grundwasserführung folgende Tendenz aufweisen:

Ia > Ib < II ≶ IIIa > IIIb.

Резюме

Создание гидрогеологических предпосылок для вскрытия грунтовых вод в комплексах скальных пород, обладающих низкими коллекторскими свойствами, зона выветривания гнейса. Для этой цели полевые работы [измерение инфильтрата, составление разрезов], лабораторные работы [ситовой анализ и анализ отмучивания, рентгеновский анализ, определение проницаемости, общей пористости, объема заполняемых грунтовой водой пустот, способности водоотдачи], а также обработка результатов испытаний на водопроницаемость. Зоны выветривания гидрогеологически можно разделить на горизонты I ··· III. Проницаемость и заполняемые грунтовой водой пустоты] проявляют следующие тенденции: Ia > Iб < II ≷ IIIa > IIIб.

Summary

The weathered zone of gneiss is characterized by hydrogeological parameters and potential ground-water flow. Measurements of infiltration, permeability, porosity, sieve analysis, elutriation analysis, and X-ray analysis were made. In general, the optimum hydrogeological conditions are in the loosening zone just above the rock-monolith. It is possible to determine hydrogeological zones I to III with the following tendencies regarding their ground-water flow

Ia > Ib < II ≶ IIIa > IIIb.

Literatur

BEYER, W.: Zur Bestimmung der Wasserdurchlässigkeit von Kiesen und Sanden aus der Kornverteilungskurve. — Wasserwirtsch.-Wassertechn., 14, 6, 165—168, Berlin 1964.

DIGLERIA, J., u. a.: Bodenphysik und Bodenkolloidik. — VEB Gustav-Fischer-Verlag, Jena 1962.

FIEDLER, H. J.: Methoden der Bodenanalyse, 1, Felsmethoden. — Verlag T. Steinkopff, Dresden 1973.

FIEDLER, H. J.; REISSIG, H.: Lehrbuch der Bodenkunde. — VEB Gustav Fischer-Verlag, Jena 1964.

GOLF, W.: Zur Bestimmung des Lufthaltewerts des Bodens. — Wiss. Z., TU Dresden, 14, 4, 881—885, Dresden 1965.

HEITFELD, K. H.: Hydro- und baugeologische Untersuchungen über die Durchlässigkeit des Untergrundes an Talsperren des Sauerlandes. — Geol. Mitt., 5, 1—210, Aachen 1965.

HOFMANN, J.: Lithostratigraphie und Petrogenese der Gneise des Osterzgebirges, DDR. — Freiberger Forsch.-H., C 297, Dt. Verlag Grundstoffind., Leipzig 1974.

HOFMANN, J.; ALDER, I.: Gneise des Osterzgebirges. — Monatsber. DAW, 9, 4/5, 336—344, Berlin 1967.

HUNGER, W.: Über periglaziale Profilmerkmale erzgebirgischer Gneisböden. — Jb. Staatl. Mus. Mineral u. Geol. Dresden, 49—63, Dresden 1961.

LASCH, G.: Mineralogisch-geochemische Untersuchungen an Lausitzer Kaolinen und Gesteinszersätzen. — Freiberger Forsch.-H., C 258, Leipzig 1970.

MATTHES, G.: Beziehungen zwischen geologischem Bau und Grundwasserbewegung in Felsgesteinen. — Abh. Hess. Landesamt Bodenforsch., 58, Wiesbaden 1970.

MEIER, G.; REUTER, F.: Über den hydrodynamisch wirksamen Kluftkörper. — Z. angew. Geol., 20, 11, 516—520, Berlin 1974.

PIETZSCH, K.: Geologie von Sachsen. — Dt. Verlag Wiss., Berlin 1962 (2. Aufl. 1963).

SCHILLING, W.; WIEFEL, H.: Jungpleistozäne Periglazialbildungen und ihre regionale Differenzierung in einigen Teilen Thüringens und des Harzes. — Geologie, 11, 4, 428—460, Berlin 1962.

SNOW, D. T.: Rock fracture spacing, opening and porosities. — J. Soil mechan., Proc. Amer. Soc. Siul., 73—91, (1968).

TSCHURINOW, M. W.: in: Handbuch f. Ingenieurgeologie. — Verlag Nedra, Moskau 1968.

Eine neuartige Apparatur zur Messung der Durchlässigkeit poröser Stoffe

GRUNERT, S., Dresden

1. Einleitung

Die Durchlässigkeit poröser Stoffe für flüssige und gasförmige Medien ist nicht nur für Fragen der Grundwasserhydraulik und der Lagerstättenphysik von Erdöl- und Erdgasvorkommen von Bedeutung. In zunehmendem Maße stehen die verschiedensten Zweige der Technik vor der Aufgabe, diese Materialeigenschaft zu messen oder in die Gütekontrolle ihrer Erzeugnisse aufzunehmen. Da aber diese Eigenschaft einen ausgesprochen komplexen Charakter trägt, haben sich bereits heute in den verschiedenen Industriezweigen nicht nur unterschiedliche Meßverfahren, sondern auch unterschiedliche Kenngrößen für die Durchlässigkeit herausgebildet. Zwangsläufig führt diese Entwicklung zu einer Verwirrung in den Nomenklaturen, die schließlich auch die Gefahr von Verwechslungen und Fehlern in sich trägt. Am weitesten vorangeschritten sind in dieser Hinsicht heute diejenigen Industriezweige, die sich mit Lagerstättenphysik flüssiger und gasförmiger Bodenschätze auseinandersetzen.
Ausgehend von hauptsächlich aus den Forschungen dieser Industriezweige resultierenden Erkenntnissen, soll in der vorliegenden Arbeit eine universell einsetzbare Apparatur zur Durchlässigkeitsmessung vorgestellt werden.

2. Allgemeine Grundlagen

Das Darcysche Gesetz

Um exakte Grundlagen für die Dimensionierung von Brunnen zu erhalten, beschäftigte sich der französische Ingenieur HENRY DARCY mit Fließvorgängen im Grundwasser. Er ließ Wasser durch ein mit Sand gefülltes Rohr strömen und stellte dabei eine Abhängigkeit zwischen Durchsatz, Druckgefälle, Querschnitt der durchströmten Fläche und der Länge des sandgefüllten Rohres fest. Daraus formulierte er die Gleichung

$$Q = k \frac{F \cdot (H_1 - H_2)}{L} \tag{1}$$

Q = Durchsatz,
F = durchströmter Querschnitt,
H_1 = Höhe der Wassersäule vor dem sandgefüllten Rohr,
H_2 = Höhe der Wassersäule hinter dem sandgefüllten Rohr,
L = Länge des sandgefüllten Rohres,
k = Proportionalitätsfaktor.

Den Proportionalitätsfaktor k bezeichnete DARCY als „Coefficient dépendant de la permeabilité de la couche". Er stellte fest, daß dieser Faktor vom Material des Filterkörpers abhängig, also eine Materialkonstante ist. Die Kenntnis dieser Materialkonstanten gestattet es, Sickerströmungen in Grundwasserleitern mathematisch zu fassen.

Durchlässigkeitsbeiwert und Permeabilität

Löst man die Gleichung (1) nach dem Proportionalitätsfaktor k auf, so erhält man

$$k = \frac{Q \cdot L}{F \cdot (H_1 - H_2)} \tag{2}$$

Eingang des Manuskripts in der Redaktion: 1. 7. 1976.

In der Grundwasserhydraulik und im Grundbau sind für diese Meßgrößen folgende Dimensionen üblich:

Q $[cm^3 \cdot s^{-1}]$
L $[cm]$
F $[cm^2]$
H_1 $[cm]$
H_2 $[cm]$

Die Dimension des Proportionalitätsfaktors nimmt folgende Gestalt an:

$$\left[\frac{cm^3 \cdot s^{-1} \cdot cm}{cm^2 \cdot cm}\right] = \left[\frac{cm^3 \cdot cm}{s \cdot cm^2 \cdot cm}\right] = \left[\frac{cm}{s}\right]$$

Wie man sieht, hat er die Dimension einer Geschwindigkeit. Dieser Faktor wird als Durchlässigkeitsbeiwert bezeichnet; er soll im folgenden das Symbol k_f erhalten.
Nun ist die Geschwindigkeit der Sickerströmung und damit verbunden der Durchsatz von der dynamischen Zähigkeit des fließenden Mediums und diese wiederum von der Temperatur abhängig. Um für den Durchlässigkeitsbeiwert vergleichbare Größen zu erhalten, rechnet man die mit Wasser einer beliebigen Temperatur gemessenen Werte auf eine vereinbarte Temperatur (20 °C oder 10 °C nach MUHS 1957) nach folgender Gleichung um:

$$k_{f_{20^\circ}} = k_{fx} \frac{\eta x}{\eta_{20^\circ}} \tag{3}$$

η = dynamische Zähigkeit.

Die Dimension des Durchlässigkeitsbeiwertes ändert sich durch diese Umrechnung nicht.
Diese aus der Problematik der Grundwassergewinnung heraus entstandene nur auf Wasser bezogene Definition der Durchlässigkeit genügt nicht für die Erfassung von Sickerströmungen in anderen Industriezweigen. Um Fließvorgänge anderer Medien aus den gemessenen Durchlässigkeitsbeiwerten ebenfalls leicht berechnen zu können, wurde in die Darcysche Gleichung die dynamische Zähigkeit aufgenommen. Dadurch erhält die Gleichung die Gestalt:

$$k = \frac{Q \cdot L \cdot \eta}{F \cdot (P_1 - P_2)} \tag{4}$$

Dabei bedeutet:

Q = Durchsatz $[cm^3 \cdot s^{-1}]$,
L = Länge des durchströmten Probekörpers [cm],
F = durchströmter Querschnitt $[cm^2]$,
P_1 = statischer Druck am Anfang des Weges der Sickerströmung $\left[\frac{dyn}{cm^2}\right]$,
P_2 = statischer Druck am Ende des Weges der Sickerströmung $\left[\frac{dyn}{cm^2}\right]$,
η = dynamische Zähigkeit [P].

Gibt man alle Meßgrößen, wie oben dargestellt, im CGS-System an, so erhält der Wert k folgende Dimension:

$$\left[\frac{cm^3 \cdot cm \cdot P}{cm^2 \cdot dyn \cdot cm^{-2}}\right] \quad \begin{matrix} 1\ P = 1\ cm^{-1} \cdot g \cdot s^{-1} \\ 1\ dyn = 1\ g \cdot cm \cdot s^{-2} \end{matrix}$$

$$\left[\frac{cm^3 \cdot s^{-1} \cdot cm \cdot g \cdot cm^{-1} \cdot s^{-1}}{cm^2 \cdot g \cdot cm \cdot s^{-2} \cdot cm^{-2}}\right]$$

$$= \left[\frac{cm^3 \cdot cm \cdot g \cdot s^2 \cdot cm^2}{s \cdot cm \cdot s \cdot cm^2 \cdot g \cdot cm}\right] = [cm^2] \tag{5}$$

Der unter Berücksichtigung der dynamischen Zähigkeit berechnete Proportionalitätsfaktor der DARCYschen Gleichung soll im weiteren Text als Permeabilitätskoeffizient oder kurz als Permeabilität bezeichnet werden.
In der Erdölindustrie hat sich als Standardeinheit für die Permeabilität das Darcy durchgesetzt. Die Definition des Darcy lautet (SIEMENS 1956):

„Die Permeabilität eines porösen Mediums beträgt 1 Darcy, wenn 1 cm^3 einer Flüssigkeit mit einer dynamischen Zähigkeit von 0,01 Poise = 1 cP in der Zeit von 1 sec. durch den Querschnitt von 1 cm^2 und die Länge von 1 cm des porösen Mediums bei einer statischen Druckdifferenz von 1 Atm unter den Bedingungen des viskosen, laminaren Fließens hindurchtritt."

Daraus ergibt sich die Dimension

$$1\ \text{Darcy} = 1\ \frac{cm^3 \cdot cm \cdot cP}{cm^2 \cdot s \cdot Atm}$$

Setzt man

$$1\ cP = 10^{-2}\ cm^{-1} \cdot g \cdot s^{-1}$$

$$1\ Atm = 760\ Torr = 1{,}01325 \cdot 10^6\ dyn \cdot cm^{-2}$$

so erhält man

$$1\ \text{Darcy} = \frac{cm^3 \cdot cm \cdot g \cdot s^2 \cdot cm^2}{cm^2 \cdot s \cdot 10^2 \cdot cm \cdot s \cdot 1{,}01325 \cdot 10^6 \cdot cm \cdot g}$$

$$= \frac{1}{1{,}01325 \cdot 10^8}\ cm^2$$

$$1\ \text{Darcy} = 0{,}9869 \cdot 10^{-8}\ cm^2$$

$$1\ cm^2 = 1{,}01325 \cdot 10^8\ \text{Darcy} \tag{6}$$

Da die Dimension Darcy [d] für die Praxis zu groß ist, benutzt man meist das Millidarcy [md]

$$1\ md = 10^{-3}\ d$$

$$1\ d = 10^3\ md$$

Es erhebt sich nun die Frage nach dem Zusammenhang zwischen dem Durchlässigkeitsbeiwert k_f $[cm \cdot s^{-1}]$ und der Permeabilität k $[cm^2]$. Ein Vergleich der beiden Berechnungsformeln zeigt, daß in der Formel für k_f das Druckgefälle $(H_1 - H_2)$ von cm Wassersäule in $\frac{dyn}{cm^2}$ umgerechnet und der gesamte Ausdruck mit der dynamischen Zähigkeit des als Meßflüssigkeit benutzten Wassers multipliziert werden muß, um den Wert k zu erhalten.

$$P_{[g \cdot cm^{-1} \cdot s^{-2}]} = (H_1 - H_2)_{[cm]} \cdot \varrho_{[g \cdot cm^{-3}]} \cdot g_{[cm \cdot s^{-2}]},$$

$$P_{[dyn \cdot cm^{-2}]} = (H_1 - H_2)_{[cm]} \cdot \varrho \cdot g_{[g \cdot cm^{-2} \cdot s^{-2}]},$$

ϱ = Dichte des Wassers = 1 $[g \cdot cm^{-3}]$ (für 4 °C),
g = Erdbeschleunigung = 980,665 $cm \cdot s^{-2}$,

$$P_{[dyn \cdot cm^{-2}]} = (H_1 - H_2)_{[cm]} \cdot 1 \cdot 980{,}665_{[g \cdot cm^{-2} \cdot s^{-2}]}.$$

Daraus ergibt sich für Wasser von der Temperatur x

$$k_{[cm^2]} = \frac{Q_{[cm^3 \cdot s^{-1}]} \cdot L_{[cm]}}{F_{[cm^2]} \cdot (H_1 - H_2)_{[cm]}} \cdot \frac{\eta_{x[g \cdot cm^{-1} \cdot s^{-1}]}}{1 \cdot 980{,}665_{[g \cdot cm^{-1} \cdot s^{-1}]}}$$

$$k_{[cm^2]} = k_{fx[cm \cdot s^{-1}]} \cdot \frac{\eta_x}{980{,}665}\ [cm \cdot s] \tag{7}$$

Über den Gültigkeitsbereich des Darcyschen Gesetzes

Das DARCYsche Gesetz gilt zunächst für Flüssigkeiten, die unter den Bedingungen des viskosen, laminaren Fließens den Porenraum eines festen Stoffes passieren. Zur physikalischen Modellierung wird der Porenraum der durchlässigen festen Stoffe als parallele Kapillaren versinnbildlicht. Durchdringt ein Gasstrom diese Kapillaren, so können je nach dem Größenverhältnis zwischen mittlerer freier Weglänge der Gasmoleküle „λ" und dem Durchmesser der Kapillaren „d" folgende Strömungsformen auftreten:

1. HAGEN-POISEUILLEsche Strömung $\lambda \ll d$
Das Darcysche Gesetz ist voll gültig.

2. Strömung mit Gleiteffekt $\lambda \cong d$
In diesem Falle gilt (solange $\lambda < d$) als allgemeine Beziehung

$$K = K_0 \left(1 + \frac{a}{p}\right) \tag{8}$$

Dabei ist

K = Gaspermeabilität,
K_0 = wahre Permeabilität,
p = mittlerer Druck,
a = ein Koeffizient, abhängig von λ u. d.

Sie wird in der Literatur als KLINKENBERG-Effekt bezeichnet.

3. Molekularströmung oder KNUDSEN-Strömung $\lambda \gg d$.
Nach KNUDSEN (1909) ist bei dieser Strömungsform das Produkt aus mittlerem Druck und durchströmendem Volumen in der Zeiteinheit konstant. CARMAN gibt für poröse Medien folgende Relation an:

$$K = C \cdot \varepsilon \cdot m \cdot \bar{c} = c \cdot \frac{\varepsilon^2}{S} \cdot \bar{c} \tag{9}$$

C = Konzentration $\left(\frac{\text{Mol}}{\text{cm}^3}\right)$,
c = Faktor, in den die Geometrie der Poren und die Natur des Gases eingehen,
ε = Porosität,
m = mittlerer hydraulischer Radius = $\frac{r_K}{2}$ (r_K = Radius der Kapillare),
$\bar{c}$ = mittleres thermisches Molekulargewicht,
S = spezifische Oberfläche.

Die mittlere freie Weglänge wird durch die Gleichung

$$\lambda = \frac{1}{\sqrt{2} \cdot 4 \cdot \pi \cdot r^2 \cdot n} \tag{10}$$

bestimmt. Dabei ist

n = Anzahl der Moleküle/cm³,
r = Molekülradius.

(Obige Ausführungen nach SAUPE 1961 und SCHEIDEGGER 1960. Dort finden sich auch ausführliche Darstellungen.)

Meistens basieren die Durchlässigkeitsmessungen auf dem Darcyschen Gesetz. Dabei müssen dann die Grenzbedingungen seiner Gültigkeit sorgfältig beachtet werden. (Das gilt sowohl, wenn als fließendes Medium Flüssigkeiten benutzt werden, als auch dann, wenn Gase zur Messung benutzt werden.) Neben den strömungsphysikalischen Bedingungen sind die Fließvorgänge von den physikalischen Eigenschaften des fließenden Mediums abhängig. Oberflächenreaktionen zwischen durchströmtem Substrat und fließendem Medium können die Permeabilität beeinflussen. Nicht in jedem Falle ist die Bedingung des viskosen Fließens realisiert. Wird ein Gas als Meßmedium bei der Permeabilitätsmessung benutzt, so wird in der Regel „Strömung mit Gleiteffekt" auftreten. Es zeigt sich, daß die gemessenen Permeabilitätswerte von der Art des fließenden Mediums und bei Gasen vom Druck abhängig sind, unter dem diese während des Fließvorgangs stehen. Die Permeabilität für Wasser wird in der Regel als generelle Bezugsbasis angenommen. In der Literatur werden zur Kennzeichnung der verschiedenen Permeabilitätswerte folgende Nomenklaturen benutzt:

Die absolute Permeabilität ist die nur durch die Ausbildung des Porenraums bedingte Permeabilität.

Die spezifische Permeabilität (spezific permeability) gilt für ein bestimmtes fließendes Medium unter bestimmtem Druck.

Die flüssigkeitsäquivalente- oder KLINKENBERG-Permeabilität wird aus den spezifischen Permeabilitäten, die für ein bestimmtes Gas unter verschiedenem mittleren Druck gemessen worden sind, bestimmt. In Kapitel 3 wird dieses von KLINKENBERG (1941) entwickelte Verfahren, das die „Strömung mit Gleiteffekt" berücksichtigt, näher beschrieben.

Unter effektiver Permeabilität einer porösen Substanz versteht man die Permeabilität für ein bestimmtes Medium bei Anwesenheit eines zweiten mit dem ersteren nicht mischbaren Mediums. Bezieht man die effektive Permeabilität auf die spezifische des gleichen Mediums, so erhält man einen Wert, der als relative Permeabilität bezeichnet wird. Die relative Permeabilität wird meist in Prozent angegeben.

Effektive und relative Permeabilität sind erforderlich für die Lösung von Strömungsproblemen in Erdöllagerstätten. Da sie nicht als Materialkonstanten betrachtet werden können, sollen sie hier unberücksichtigt bleiben.

3. Aufbau der Apparatur zur Messung der Durchlässigkeit

Grundgedanken zur konstruktiven Lösung

Für die Messung der Durchlässigkeit ist bereits eine Vielzahl verschiedener Versuchsanordnungen publiziert worden. Das Grundprinzip der Messung besteht darin, daß man einen Probekörper definierter Abmessung von einem flüssigen oder gasförmigen Medium durchdringen läßt und den Durchsatz bei bekanntem Druckgefälle bestimmt. Bei allen bekannten Meßverfahren werden zylinderförmige Probekörper benutzt. Bei den meisten werden sie während des Versuchs in achsialer Richtung von der Meßflüssigkeit durchströmt (z. B. MUHS 1957, FANCHER u. a. 1933). PLUMMER, HARRIS & PEDIGO (1934) geben auch ein Verfahren an, bei dem achsial durchbohrte zylindrische Proben in radialer Richtung durchströmt werden. Ganz ähnlich arbeiten auch JOHNSON & HUGHES (1948) (zit. PIRSON 1958).

Um an Bohrkernen ohne zusätzliche Bearbeitung die Durchlässigkeit messen zu können, entwickelte KELTON (1950) (zit. ROMM 1966) eine Methode, die den Strom des Meßmediums durch zwei gegenüberliegende Flächenteile des Kernmantels ein- und austreten läßt. COLLINS (1952) gab dazu das Verfahren für die Berechnung der Durchlässigkeit an.

Bei den zitierten Meßverfahren wird das Druckgefälle in der Probe während des Durchströmungsversuchs konstant gehalten.

Als strömendes Medium verwendet man für Durchlässigkeitsmessungen zu Untersuchungen für Aufgaben der Grundwasserhydraulik Wasser. Bei der Messung an

porösen Stoffen geringer Durchlässigkeit erzielt man wegen der relativ hohen Viskosität des Wassers einen geringen Durchsatz, so daß sich die Meßdauer sehr stark erhöht.
Eine weitere Schwierigkeit ergibt sich dadurch, daß sich die im Wasser gelöste Luft im Porenraum ausscheidet und die Durchlässigkeit der Probe während der Messung nach und nach verringert. Bei niedrig viskosen organischen Flüssigkeiten wirkt sich deren niedriger Dampfdruck nachteilig auf die Messung aus. Verwendet man dagegen statt der Flüssigkeiten Gase als strömende Medien, dann umgeht man alle diese Schwierigkeiten und hat gleichzeitig den Vorteil, daß die Durchströmungsversuche rasch durchgeführt und beliebig oft wiederholt werden können. Deshalb ist gerade diese Methode auch für Serienmessungen im Labor besonders geeignet.
An die zu konstruierende Apparatur zur Durchlässigkeitsmessung stellten wir folgende Grundforderungen:

- absolute Reproduzierbarkeit der Meßbedingungen,
- keine — oder nur unbedeutende — Einschränkung des Meßbereichs,
- leichte Handhabung.

Aus dem vorangehend Gesagten wird verständlich, daß wir sofort auf eine Meßmethode orientierten, die mit einem Gasstrom arbeitet. Zylindrische Probekörper sollten in achsialer Richtung durchströmt werden, wobei der Druckgradient in der Probe und der Durchsatz gemessen werden.
Aus dieser Überlegung ergeben sich das Aufbauschema und die zur Realisierung der Meßanordnung benötigten Bauteile. Da ist zunächst eine Halterung für den Probekörper erforderlich. Der den Probekörper passierende Gasstrom muß durch Ventile regulierbar sein und zwar so, daß für die Bestimmung der KLINKENBERG-Permeabilität auch der mittlere Druck in der Probe (p in Gleichung (8)) eingestellt werden kann. Als eigentliche Meßinstrumente braucht man Manometer zur Erfassung des Drucks innerhalb des Meßsystems und eine Einrichtung zur Messung der die Probe passierenden Gasmenge. Da befürchtet werden muß, daß die zur Messung benutzten Gase mit Öl, Wasser oder Staubteilchen verunreinigt sind, empfiehlt es sich, vor die Probe einen Filter in den Gasstrom einzuschalten.
Bei den aus der Literatur bekannten Anlagen waren zum Teil die einzelnen Bauelemente in der erforderlichen Reihenfolge nacheinander auf einen Tisch montiert oder,

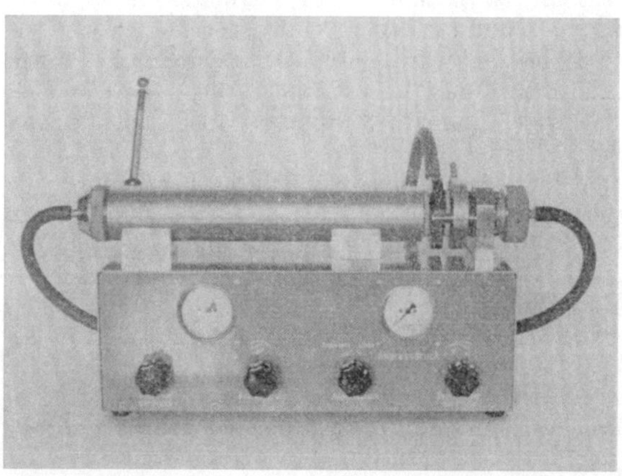

Abb. 1. Frontansicht der Apparatur zur Durchlässigkeitsmessung
(Foto: Film- und Bildstelle der TU Dresden)

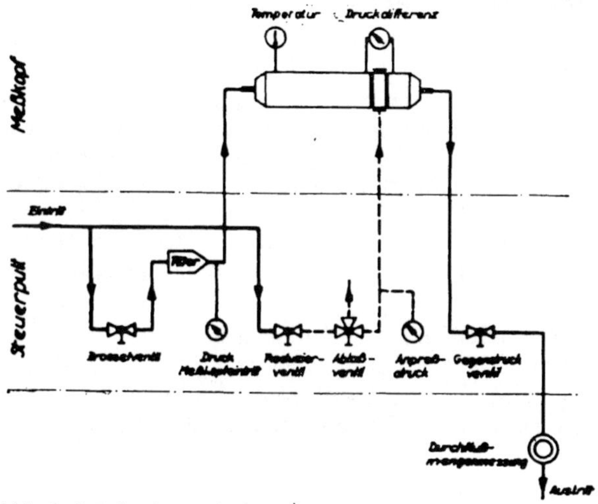

Abb. 2. Schaltschema der Apparatur

sofern sie stärker durchkonstruiert waren, zu einem geschlossenen Meßplatz vereinigt worden.
Beide Lösungen erwiesen sich zur Realisierung der hier an die Apparatur gestellten Grundforderungen als ungeeignet. Die Universalität einer Apparatur wird nicht durch die Meßanordnung, sondern durch die Meßbereiche der verwandten Meßinstrumente bestimmt. So benötigt man z. B. für die Messung an Proben mit hoher Permeabilität ganz andere Gasmengenmesser als für solche mit niedriger. Das gleiche gilt analog auch für die Manometer. Auch ist für verschiedene Untersuchungen eine unterschiedliche Meßgenauigkeit erforderlich. Schließlich sind auch die im Handel erhältlichen Meßinstrumente, die man zweckmäßigerweise verwenden wird, nicht alle zum Einbau in einen Meßplatz geeignet. Aus den genannten Gründen konzentrieren wir uns darauf, eine Apparatur zu schaffen, die es einmal gestattet, das Strömungsregime während der Durchlässigkeitsmessung reproduzierbar einzustellen und an die zum anderen zur Druck- und Gasmengenmessung beliebige Instrumente angeschlossen werden können.

Beschreibung der Apparatur

Aufgabe der Apparatur ist es also, den zu untersuchenden Probekörper zu haltern und die Steuerung des Durchströmungsversuchs zu ermöglichen. Abb. 1 zeigt die Frontansicht des Geräts.
Alle den Gasstrom regulierenden Bauelemente wurden in dem Steuerpult untergebracht, gleichzeitig trägt dieses den Meßkopf. Aus dem Schaltschema (Abb. 2) sind Anordnung und Funktion der einzelnen Bauelemente zu erkennen: Nach dem Eintritt des Meßgases in die Leitung des Steuerpults wird der Gasstrom geteilt. Der eigentliche Meßgasstrom wird dem Drosselventil zugeleitet, an dem der Druck, der vor der Probe herrschen soll, einreguliert wird. Hinter dem Drosselventil fließt das Gas durch einen Filter und dann in den Meßkopf. Hier passiert es die zu untersuchende Probe. Danach wird es dem Gegendruckventil, mit dem der Gasdruck hinter der Probe eingestellt wird, zugeleitet. Anschließend wird der Meßgasstrom der Gasmengenmessung zugeführt. Der vom Meßgasstrom abgezweigte Teil des Gases dient zum Abdichten der Probe im Probehalter. Durch das Reduzierventil wird der ankommende Gasdruck auf den zur Halterung der Probe erforderlichen gemindert. Das eingeschaltete Ablaßventil wird benötigt, um zum Wechseln der Proben — bei geschlossenem Reduzierventil — die Dichtung im Probehalter entspannen zu können.
Das Herzstück der Apparatur ist der Meßkopf (Abb. 3). Seine gesamte Konstruktion konzentriert sich auf die exakte Messung des statischen Gasdrucks vor und hinter der Probe. Ausschlaggebend dafür ist eine strömungstechnisch einwandfreie Führung des Gasstroms. Über die Olive (1) tritt der vom Drosselventil

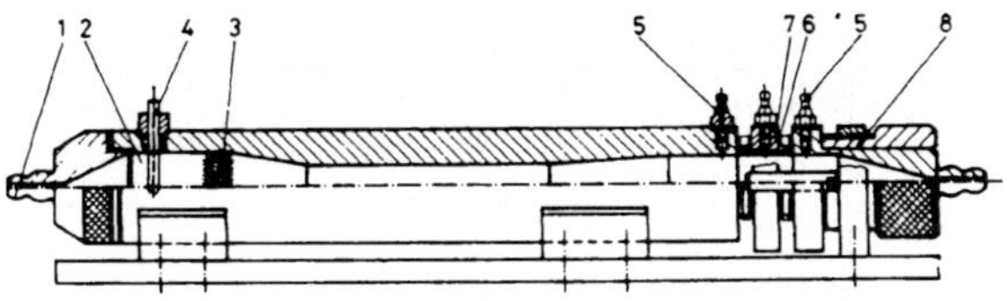

Abb. 3. Der Aufbau des Meßkopfes (Erläuterung im Text)

kommende Meßgasstrom in die Verwirbelungskammer (2) ein. Hier wird die Gastemperatur gemessen. Das Beruhigungsgitter (3) erzeugt einen laminaren Gasstrom, der durch das Einziehen und die anschließende parallele Fließstrecke noch weiter beruhigt wird. Über den Diffusor — mit einem halben Öffnungswinkel von 3° — wird die Probe laminar angeströmt. Unmittelbar vor und hinter dem Probehalter befinden sich in parallelen Fließstrecken die Druckmeßstellen. Über die Oliven (4) und (5) kann man die Manometer anschließen. Hinter der Meßstelle für den Druck hinter der Probe wird der Gasstrom eingezogen und dem Gegendruckventil zugeführt. Für den Probehalter, jenen Teil des Meßkopfes, der die Probe während der Messung aufnimmt, findet sich ein konstruktives Vorbild bei HASSLER (1936). Es besteht aus einem Metallring, in den eine Gummihülse eingelegt wird, deren Enden an den Stirnseiten des Ringes nach außen umgeschlagen und mit konischen Ringen festgeklemmt werden. In die Gummihülse wird der Probekörper eingeführt (Abb. 4). Mit der Anpreßmutter (8) drückt man das Teil, in dem sich die Ableitung des Meßgases befindet, gegen den Probehalter und spannt so den Probehalter fest in den Meßkopf ein. Der über die Olive (10) zugeführte Anpreßdruck weitet die Gummimanschette auf und dichtet die Probe gegen eine Randgängigkeit des Meßgases ab.
Der in den Meßgasstrom eingeschaltete Luftfilter besteht aus einer mit Blaugel gefüllten Metallhülse.
Um eine feine Regulierung des Gasstroms zu ermöglichen, sind Drosselventil und Gegendruckventil als Nadelventile ausgebildet. Das Ventil zur Einstellung des Anpreßdrucks ist ein Reduzierventil, das Ablaßventil ein Dreiwegehahn. Zur Kontrolle des Meßgasstroms in der Apparatur und des Anpreßdrucks wurden „Betriebsmanometer mit Rohrfeder" nach TGL 16372, 8701 eingebaut.

Die Zusatzgeräte

Wie bereits erläutert wurde, ist die Apparatur so konstruiert, daß sie mit beliebigen Geräten zur Messung der durchsetzenden Gasmenge und des Druckes gekoppelt werden kann.
Zur Gasmengenmessung eignet sich der Präzisions-Gaszähler des VEB Junkalor Dessau. Das Gerät wird in folgenden Ausführungen geliefert:

Meßraum-inhalt (l)	Min. Belastung (m^3/h) Q_{min}	Max. Belastung (m^3/h) Q_{max}	Druckverbrauch bei Q_{min} (kp/m^2)	Q_{max} (kp/m^2)	Fehlergrenze (±%)	Kleinste Teilung der Skala (l)
2	0,005	0,750	3	10	0,8	0,02
5	0,010	1,500	3	15	0,8	0,05
10	0,010	3,000	3	15	0,8	0,10

Wir benutzten es für unsere Messungen an Proben, die einen ausreichend hohen Durchsatz aufwiesen. Die parallel dazu erforderlichen Zeitmessungen erfolgten mit einer Stoppuhr.
Zur Messung niedrigster Gasmengen wandten wir die in Abb. 5 dargestellte Apparatur an: Ein feingraduiertes Rohr (Mikro- oder Halbmikropipette) wird mit zwei hintereinander angeordneten Dreiwegehähnen verbunden. An das freibleibende Rohr des zweiten Hahns wird ein Trichter angeschlossen. Über diesen Trichter füllt man das horizontal eingespannte graduierte Rohr mit Wasser. Während dieser Zeit läßt man das anströmende Gas durch den ersten Dreiwegehahn abfließen. Ist die Meßeinrichtung vorbereitet, dann stellt man die Hähne so, daß durch den Gasstrom das Wasser aus dem graduierten Rohr gedrückt wird. Mit der Stoppuhr mißt man die Zeit, in der ein bestimmtes Wasservolumen durch das Gas verdrängt worden ist.

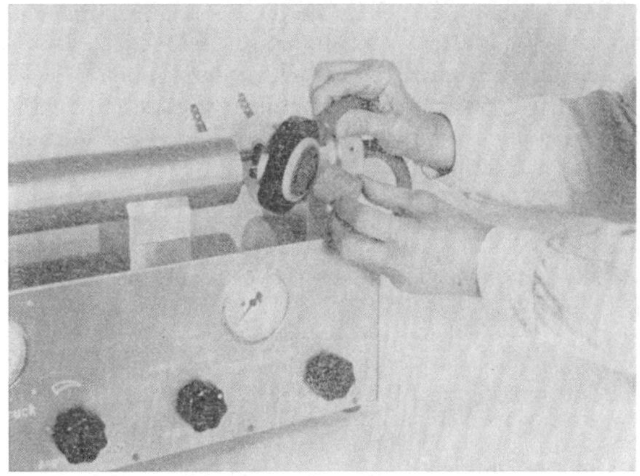

Abb. 4. Einbau eines Probekörpers in den Meßkopf
(Foto: Film- und Bildstelle der TU Dresden)

Der statische Gasdruck vor und hinter der Probe kann mit Urohrmanometern gemessen werden. Besser bewährten sich jedoch im Laborbetrieb Feinmeßmanometer der Klasse 0,6 nach TGL 16374. Diese Geräte stellt der VEB Meßgerätewerk Beierfeld/Erzgeb. her.
Da der Gasdruck innerhalb des Meßsystems als Überdruck gemessen wird, bei der Auswertung jedoch auf absoluten Druck bezogen werden muß, ist es erforderlich, zusätzlich den Luftdruck zu messen. Hierfür empfiehlt es sich, ein Quecksilber-Stationsbarometer zu verwenden. Handlicher und für die vorliegenden Messungen an Genauigkeit ausreichend sind die Präzisions-Anäroid-Barometer.

Durchführung und Auswertung der Durchlässigkeitsmessungen

Als Meßgas für die Durchlässigkeitsmessung benutzten wir Preßluft, die wir über ein Druckminderventil der Stahlflasche entnahmen. Man könnte — unter Beachtung der jeweiligen Arbeitsschutzbestimmungen — diese Apparatur auch mit anderen Gasen betreiben. Benutzt man einen Kompressor zur Erzeugung des Gasstroms, dann ist es erforderlich, vor die Apparatur noch einen Druckausgleichskessel einzuschalten.
Der Probehalter der hier vorgestellten Apparatur ist für zylindrische Probekörper von 30 mm Durchmesser und 30 mm Länge vorgesehen.
Zu Beginn einer Messung wird der Probekörper in den Probehalter eingebaut (Abb. 4). Nachdem der Probehalter fest im Meßkopf eingespannt ist, schließt man das Ablaßventil und reguliert den Anpreßdruck ein. Er muß etwa die dreifache Höhe des mittleren Drucks in der Probe betragen, um eine Randgängigkeit mit Sicherheit auszuschalten. Danach stellt man über das Reduzierventil den Druck vor der Probe ein und steigert den Druck hinter der Probe durch langsames Schließen des Gegendruckventils bis auf die gewünschte Höhe. Wenn sich das Strömungsregime stabilisiert hat, liest man den Druck vor und hinter der Probe ab und bestimmt mit einer Stoppuhr die Zeit, in der eine bestimmte Gasmenge die Probe durchdringt. Die Zeitmessung muß dabei mehrfach wiederholt werden, um einen gesicherten Wert zu erhalten.

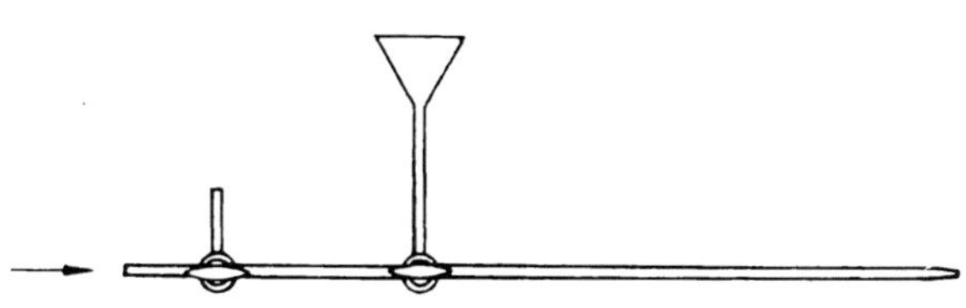

Abb. 5. Pipette zur Messung kleiner Gasmengen

Zur Bestimmung der KLINKENBERG-Permeabilität benötigt man mindestens drei derartige Messungen, die bei unterschiedlichem mittleren Druck in der Probe, aber bei gleichem Differenzdruck durchgeführt worden sind. Zuzüglich wird noch der Luftdruck, der während der Messungen herrscht, bestimmt.

Man erhält damit folgende Meßwerte:

Abmessungen der Proben —
F = Durchströmter Querschnitt des Probekörpers,
L = Länge des Probekörpers,

im Strömungsversuch gemessene Werte —
p_1 = Druck vor dem Probekörper,
p_2 = Druck hinter dem Probekörper,
V_g = gemessenes Volumen des strömenden Gases,
t = Zeit, in der das Volumen V die Probe passiert,
p_l = äußerer Luftdruck,

aus einem Tabellenwerk entnommen —
η = Viskosität des Meßgases.

Die Berechnung der spezifischen Permeabilität erfolgt nach der DARCYschen Gleichung:

$$k = \frac{V \cdot L \cdot \eta}{t \cdot F \cdot (p_1 - p_2)} \tag{11}$$

V ist dabei das Gasvolumen, das die Probe tatsächlich passiert. Da V_g unter Druckbedingungen gemessen wird, die nahe dem äußeren Luftdruck liegen, kann man V nach dem BOYL-MARIOTTschen Gesetz wie folgt berechnen:

$$V = \frac{2p_e \cdot V_g}{p_1 + p_2 + 2p_l} \tag{12}$$

Fügt man (12) in (11) ein und faßt man die Gleichung so zusammen, daß die während einer Meßserie konstant bleibenden Werte herausgegeben werden, dann kann man schreiben:

$$k = \left[\frac{2 \cdot L \cdot \eta \cdot p_l}{F}\right] \cdot \left[\frac{V_g}{t(p_1 - p_2)(p_1 + p_2 + p^2 p_l)}\right] \tag{13}$$

In dieser Schreibweise erkennt man, daß sich die recht umständliche Berechnung des k-Werts ziemlich weit vereinfachen kann, wenn man aus den Abmessungen des Probekörpers, der Viskosität des Meßgases und dem Luftdruck einen Faktor berechnet, der zumindest für eine Meßserie konstant bleibt. Der zweite Faktor und das Produkt aus beiden ist dann bei entsprechender Tabellierung leicht manuell zu berechnen.

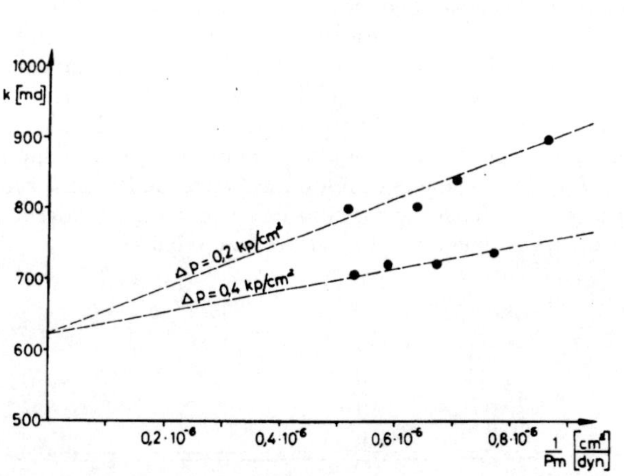

Abb. 6. KLINKENBERG-Diagramm

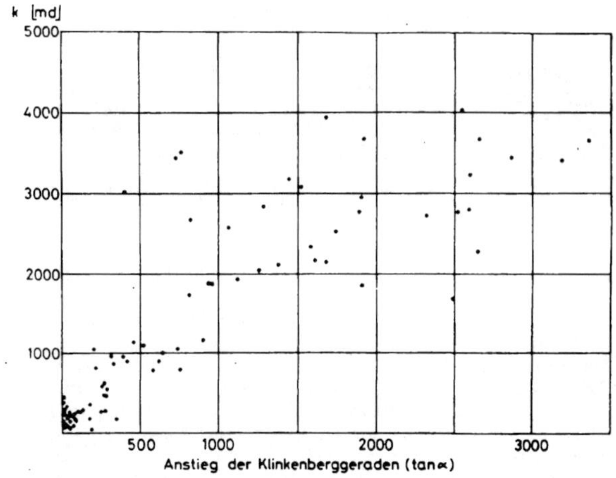

Abb. 7. Graphische Darstellung des Zusammenhangs zwischen der Durchlässigkeit und dem Anstieg der KLINKENBERG-Geraden

Je nachdem, in welchen Dimensionen Werte bei der Messung abgelesen werden, können in den konstanten Faktor Umrechnungsgrößen mit aufgenommen werden.

Um die KLINKENBERG-Permeabilität zu bestimmen, trägt man die spezifische Permeabilität in einem Diagramm über dem zugehörigen mittleren Druck in der Probe ab. Hat man für ein und denselben Probekörper mehrere Messungen bei unterschiedlichem mittleren Druck durchgeführt, dann erhält man in dem Diagramm Punkte, die sich durch eine Gerade verbinden lassen. Verlängert man diese Gerade bis zu dem Abszissenwert

$$\frac{1}{p_m} = 0$$

dann kann man auf der zugehörigen Ordinate die KLINKENBERG-Permeabilität ablesen.

Aus Gleichung (8) ist dieses graphische Verfahren leicht zu erklären. Da die mittlere freie Weglänge und der Durchmesser der Kapillaren über den Koeffizienten a der Gleichung (8) auf die „Strömung mit Gleiteffekt" Einfluß nehmen, gilt es, auch diesen bei der Messung Rechnung zu tragen. In dem Diagramm der Abb. 6 wurden an der gleichen Probe gemessene spezifische Permeabilitäten dargestellt. Bei der einen Meßreihe betrug die Druckdifferenz 0,4 bei der anderen 0,2 kp/cm². Die beiden KLINKENBERG-Geraden führen zwar zu der gleichen KLINKENBERG-Permeabilität, zeigen jedoch deutlich verschiedenen Anstieg. Der Einfluß des Druckgradienten auf die Sickerströmung erfordert, daß man nur solche spezifischen Permeabilitäten zu einer KLINKENBERG-Geraden vereinigen darf, die bei dem gleichen Druckgradienten gemessen worden sind. Eine weitere Beobachtung ist in diesem Zusammenhang interessant: In Abb. 7 wurde von einer größeren Anzahl Permeabilitätsmessungen an Sandsteinen aus dem Elbsandsteingebirge die KLINKENBERG-Permeabilität über dem Anstieg der KLINKENBERG-Geraden abgetragen. Man erkennt daraus, daß bei abnehmender Permeabilität auch der Anstieg der KLINKENBERG-Geraden geringer wird. Bei extrem niedriger Durchlässigkeit streut die spezifische Permeabilität um einen Mittelwert in recht engen Grenzen; eine ansteigende KLINKENBERG-Gerade erhält man dann nicht.

4. Abschließende Betrachtungen über die Einsatzmöglichkeiten der Apparatur

Die vorgestellte Apparatur zur Durchlässigkeitsmessung wird seit nahezu 10 Jahren bei uns im Laborbetrieb erfolgreich eingesetzt. Im großen Umfang wurde mit ihr die Durchlässigkeit von Sandsteinen gänzlich unterschiedlicher Gefüge gemessen. Daneben wurden aber auch an dichten Gesteinen — wie verfestigter Tonstein und Granit — gut reproduzierbare Ergebnisse erzielt. Die Skala der ermittelten Permeabilitätswerte reichte bei den bisherigen Messungen von 10^{-1} bis 10^{4} md. Auch zur Untersuchung der abdichtenden Wirkung von Bautenschutzmitteln auf den Porenraum von Sandsteinen und der Durchlässigkeit von im Zugversuch geschädigten Plastelaminaten wurde die Apparatur eingesetzt.

In der vorliegenden Ausführung ist der Probehalter für zylindrische Probekörper von 30 mm Durchmesser und 30 mm Höhe vorgesehen. Setzt man Adaptionsringe in die Gummihülse des Probehalters ein, dann kann man auch zylindrische Probekörper mit geringerer Höhe messen. Und schließlich kann man Lockermaterialien in dieser Apparatur auf ihre Durchlässigkeit prüfen, wenn man diese in zylindrische Metallhülsen einfüllt und die Stirnflächen mit einer geeigneten Gaze abdeckt. Außerdem ist der Meßkopf der Apparatur so konstruiert, daß er bei gleicher Grundgestaltung auch für zylindrische Proben mit 50 mm Durchmesser und 50 mm Höhe angefertigt werden kann.

Die ersten Arbeiten zur Entwicklung dieser Apparatur führte der Verfasser 1960 mit Herrn Dipl.-Ing. ASSMUSEN, der damals als Praktikant bei uns tätig war, am ehemaligen Institut für Mineralogie und Geologie der TU Dresden durch. An der konstruktiven Entwicklung waren Herr Mechanikermeister R. SCHREITERER und Herr Ing. CH. SCHREITERER maßgeblich beteiligt. Nachdem verschiedene Versuchsvarianten erprobt worden waren, baute Herr R. SCHREITERER 1968 die Apparatur in der nunmehr vorliegenden Ausführung. 1969 wurde diese Apparatur patentiert. Neben der Vielseitigkeit im experimentellen Einsatz zeichnet sich die Apparatur durch eine gute Reproduzierbarkeit der Meßbedingungen und damit auch der Meßergebnisse aus. Da sie gleichzeitig leicht zu handhaben ist, sehen wir in ihr eine Möglichkeit zur Standardisierung der Durchlässigkeitsmessung — nicht nur für die Fragen der Lagerstättendynamik flüssiger und gasförmiger Bodenschätze, sondern für alle Industriezweige, in denen die Durchlässigkeit für flüssige oder gasförmige Stoffe als Werkstoffparameter benötigt wird.

Zusammenfassung

Die Permeabilitätsmessung mit Gasen als Meßmedium bietet gegenüber der Messung mit Flüssigkeiten beträchtliche Vorteile. Gleichzeitig treten dabei Besonderheiten auf, die — bei Nichtbeachtung — zu Meßungenauigkeiten führen können. In der Arbeit wird eine Apparatur zur Permeabilitätsmessung vorgestellt, die es ermöglicht, das Meßregime exakt reproduzierbar einzustellen. Da sie für die Druck- und Gasmengenmessung mit Geräten beliebiger Meßbereiche kombiniert werden kann, ist sie universell einsetzbar. Die Auswertung der Meßergebnisse erfolgt nach der DARCYschen Gleichung; über das KLINKENBERG-Diagramm wird die „Flüssigkeitsäquivalente Permeabilität" ermittelt.

Резюме

Измерение проницаемости при помощи газов как среда измерения имеет преимущества по сравнению с измерением при помощи жидкостей. Одновременно наступают при этом особенности, которые могут — если они не учитываются — вести к неточностям измерения. В статье представляет автор аппаратуру для измерения проницаемости, которая позволяет устанавливать режим измерения точно воспроизводимо. Она универсально применяема, так как ее можно комбинировать для измерения давления и дебита с приборами любых пределов измерения. Обрабатывается результаты измерения по уравнению Дарзи, „жидкостно-эквивалентная проницаемость" определяется с помощью диаграммы КЛИНКЕНБЕРГА.

Summary

Considerable advantages are available when using gases instead of liquids as a medium for measuring the permeability, peculiarities must, however, be observed because they may produce inaccuracies. An apparatus enabling the measuring regime to be adjusted with exact reproducibility is presented and can be combined with instruments of any measuring ranges in the measurement of pressure and gas volumes, so that it is universal in operation. The measuring results are evaluated by means of Darcy's equation, the "liquid equivalent permeability" being determined by the KLINKENBERG diagram.

Literatur

COLLINS, R. E.: Determination of the Transverse Permeabilities of Large Core Samples from Petroleum Reservoirs. — J. appl. Physics, 23, 6 (1952).
FANCHER, G. H. et al.: Some Characteristics of Oil Sands. — Penn. State Coll. Mineral Ind. Exp. Sta. Bull., 12 (1933).
GRUNERT, S.: Einrichtung zur Messung der Gas- und flüssigkeitsäquivalenten Permeabilität an festen und rieselfähigen Stoffen wie beispielsweise Natursteinen. — WP 74654, Anmeldetag 28. 2. 1969; Ausgabetag der Patentschrift 12. 7. 1970, Aktenzeichen WP 42 K 138244.
HASSLER, G. L. et al.: Investigations on the Recovery of Oil from Sandstones by Gas Drive. — Trans. AJME Petroleum, Development and Technol., pp. 116ff. (1936).
KELTON, F.: Analysis of fractured limestone cores. — J. Petr. Technol., 2, 8, Dallas 1950.
KLINKENBERG, L. J.: The Permeability of Porous Media to Liquids and Gases. — APJ Drill. and Prod. Practice, pp. 200ff. (1941) (zit. PIRSON 1958).
MUHS: Prüfung des Baugrundes und der Böden in: Handbuch der Werkstoffprüfung. (Hrsg. O. GRAF). — III. Bd. 2. Aufl. (1957).
PIRSON, J.: Oil Reservoir Engineering. Second Edition. — Mc Graw-Hill Book Comp. Inc., New York, Toronto, London 1958.
PLUMMER, F. B.; HARRIS, S.; PEDIGO, J.: A New Multiple Permeability Apparatus. — The American Institute of Mining and Metallurgical Engineers, Technical Publications, New York 1934.
ROMM: Filtrationseigenschaften von Kluftgesteinen (russ.). — Verlag Nedra, Moskau 1966.
SAUPE, H.: Theoretische Grundlagen für die Beherrschung der Strömungsvorgänge flüssiger und gasförmiger Phasen in erdöl- und erdgasführenden Gesteinen. — Akademie-Verlag, Berlin 1961.
SCHEIDEGGER, A. E.: The Physics of Flow Through Porous Media. — Oxford University Press, London 1963.
SIEMENS, G.: Zur Definition der Durchlässigkeit. — Z. angew. Geol., 2, 5/6, S. 230, Berlin 1956.

Strukturelle Charakteristik eines Kluftspeichers im sedimentären Rotliegenden

(Zu geologischen Problemen der Untergrundspeicherung)

ZIEGENHARDT, W.; BRANDT, W.; JAGSCH, R., Mittenwalde/Mark

Mitteilung aus dem VEB Untergrundspeicher Mittenwalde/Mark

1. Einleitung und Problemstellung

Die klastischen Sedimente des Rotliegenden (Saxon) der Mitteleuropäischen Senke bilden z. T. mächtige granulare Porenspeicher mit bedeutenden wirtschaftlichen Erdgasakkumulationen (siehe BOIGK & STAHL 1971, Autorenkollektiv 1975, BANDLOWA & KATZUNG 1975, GLUSCHKO u. a. 1975, u. a.). Demgegenüber spielen Kluftspeicher im Rotliegenden nur eine untergeordnete Rolle.
Der in dieser Arbeit zu untersuchende Kluftspeicher ist an grobe Rotliegendkonglomerate der Innenmolasse vor dem südlichen Rand der Mitteleuropäischen Senke gebunden. Hier ist eine mächtige vulkanitfreie Sedimentfolge vom Saxon bis ins Siles ausgebildet (vgl. Abb. 1). Infolge starker ruptureller Deformationen an generell NW—SE gerichteten Tiefenstörungen liegt ein subsalinarer Schollenbau vor, der lokal zur intensiven Kluftbildung geführt hat. Solchen Klüften in einer Hochscholle sitzt ein Erdgaslager auf. Es ist weitgehend abgebaut und wird als Untergrundgasspeicher entwickelt.
Von besonderem Interesse sind Fragen der Intensität und räumlichen Anordnung der effektiven (d. h. offenen und teilzementierten) Klüfte als Grundlage für die geologisch-reservoirmechanische Speicherbewertung sowie die Optimierung des Ansatzes leistungsstarker Sonden (vgl. dazu ZIEGENHARDT u. a. 1976, im Druck). Das erfordert die Untersuchung möglicher Zusammenhänge zwischen lokalem Strukturbau und Anlage der Rupturen (Brüche, Klüfte) als ersten Schritt zur qualitativen und quantitativen Klufterfassung auf genetischer Basis. Gleichzeitig ergeben sich daraus sowohl methodische als auch allgemeine Gesichtspunkte zur Signifikanz der Kluftspeicher, die weitgehend verallgemeinerungsfähig sind.
Die vorliegenden Untersuchungen stützen sich auf qualitativ gute Resultate der Rx-Seismik, auf Bohrergebnisse (mit ausreichenden Kernarbeiten in den Speicherbereichen) sowie auf die Auswertung von Bohrlochmessungen, Test- und Sondenintensivierungsarbeiten und des Lagerstättenabbaus.

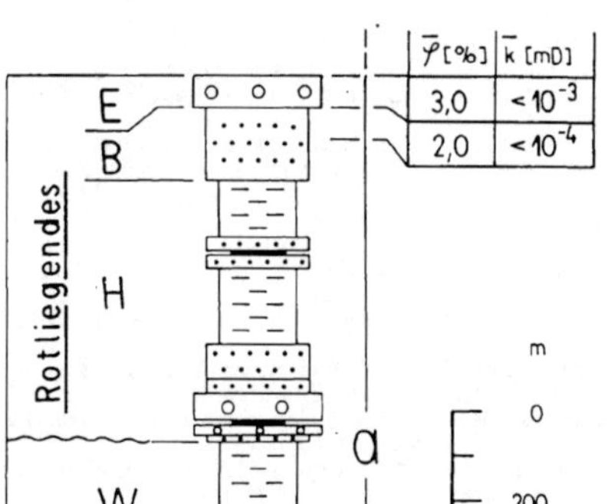

Abb. 1. Lithostratigraphisches Normalprofil (halbschematisch) des Molassestockwerks (Rotliegendes und Siles) im Untersuchungsgebiet

a — erbohrtes Profil; b — interpretiertes Profil; 1 — vorherrschend Fein- und Grobkonglomerate; 2 — vorherrschend Sandsteine; 3 — vorherrschend Siltsteine; 4 — vorherrschend Tonsteine; 5 — variszisch konsolidiertes Grundgebirgsstockwerk

$\bar{\varphi}$ bzw. $\bar{k}$ — mittlere Porositäts- bzw. Permeabilitätswerte der ungeklüfteten Gesteinsmatrix

Eingang des Manuskripts in der Redaktion: 1. 12. 1976.

2. Strukturbauanalyse

Der subsalinare Schollenbau wird im Untersuchungsgebiet trotz Sprunghöhen bis ca. 500 m durch disharmonische Lagerung des Salinars und Suprasalinars vollständig verdeckt (siehe Abb. 2a und b sowie Abb. 4). Seine Erkundung erfolgte deshalb anfangs durch Rx-Seismik und parallel geteufte erste Bohrungen. Damit konnte eine hohe Aussagegenauigkeit zur Lage des Subsalinars erreicht werden. Das äußert sich in sehr geringen Teufenabweichungen nachfolgend niedergebrachter Bohrungen. Insgesamt ist die subsalinare Hochscholle als eine der am besten bekannten verdeckten Strukturen zu bewerten. Das erleichtert die Analyse von Zusammenhängen zwischen Strukturbau und Klüftung.
Abb. 2b zeigt den Isobathenplan der Rotliegendoberfläche, der auf Grund unbedeutender Mächtigkeitsschwankungen im basalen Zechstein praktisch als mit der Subsalinaroberflächenlage identisch anzusehen ist. Er charakterisiert eine an generell NW-SE streichenden Brüchen pultförmig herausgehobene, flach halbantiklinalförmig gewölbte Hochscholle, die das Erdgaslager trägt. Von besonderem Interesse sind Art und Ausbildung der dominierenden Brüche. Dafür werden die Bezeichnungen Aufschiebung I bzw. II sowie Bruchzone I bzw. II verwendet (vgl. Abb. 2b).

Aufschiebung I

ist das beherrschende Element. Es grenzt die lokale Struktur und das Erdgaslager nach SW ab und fällt, *rx*-seismisch durch Überlappen subsalinarer *Rx*-Horizonte gut belegt, steil nach NE ein (Abb. 4). Die maximale Amplitude erreicht ca. 500 m. In NW- und SE-Richtung nehmen die Sprunghöhen allmählich ab. Bereits wenige Kilometer außerhalb des in Abb. 2b gewählten Ausschnitts ist diese bedeutende Störung nicht mehr nachweisbar.

Aufschiebung II

modifiziert das strukturelle Bild im nordöstlichen Flankenabfall der Hochscholle. Ihr genereller Verlauf läßt eine gewisse Parallelität zur Aufschiebung I erkennen. Sie

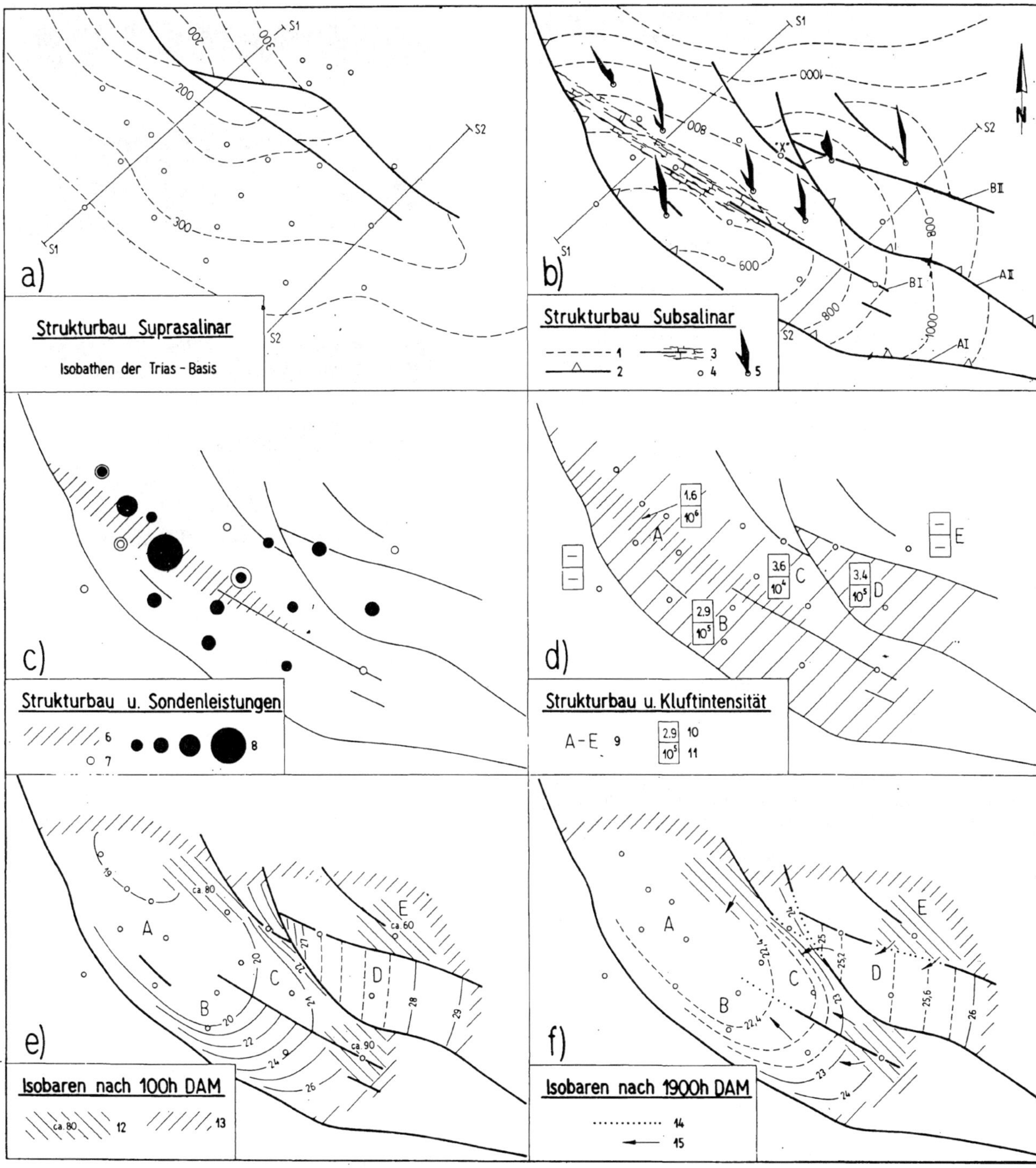

Abb. 2. Strukturbau, rupturelle Deformation und Gasdynamik im Kluftspeicher (a—f, im Text erklärt)

S 1, S 2: Lage der Schnitte (Abb. 4)

1 — Isobathen der Rotliegendoberfläche (in m NN); 2 — Bruchstörung bzw. Aufschiebung (AI, AII sowie BI, BII: im Text erläutert); 3 — Verlauf des Hauptkluftbereichs; 4 — Bohraufschluß bis ins Rotliegende; 5 — relative Häufigkeit des am Kern gemessenen Einfallens der Großklüfte; 6 — hochproduktiver Hauptkluftbereich; 7 — Sonde ohne bzw. mit extrem geringem Zufluß; 8 — Sondenleistungen (absolut frei) in 10^3 m^3/d (< 100; −300; −600; > 600; schwarz: initiale Leistung, weiß: Leistung nach Sondenintensivierung mittels Frac); 9 — Blöcke unterschiedlicher Kluftintensität; 10 — mittlere Kluftzonenabstände je Block (in m); 11 — mittlere Sondenleistungen je Block (in m^3); 12 — Bereiche relativer Druckerhaltung (z. B. ca. 80 kp/cm^2); 13 — etwaige Speicherbegrenzung im Niveau der −900 m-Isobathe der Rotliegendoberfläche (GWK); 14 — permeabler Bereich einer Ruptur; 15 — Fließrichtung der Ausgleichsströmungen

fällt ebenfalls steil nach NE ein. Das wird durch einen Bohraufschluß bestätigt (Abb. 3). Dieser macht außerdem deutlich, daß sich die im Kartenbild einheitlich erscheinende Ruptur im kleintektonischen Bereich in Einzelelemente auflöst. Die Sprunghöhe der Aufschiebung II erreicht nur wenig über 200 m. Daraus erklärt sich ihr rascheres Ausklingen (mit Übergang in eine Abschiebung im äußersten **NW**, siehe Schnitt 1, Abb. 4).

Beide Aufschiebungen werden in ihrem „Hinterland" von den Bruchzonen I bzw. II begleitet. Deren Amplituden sind gering. Soweit sie etwa 30 m übersteigen, sind die Brüche *rx*-seismisch lokalisierbar. Geringere Sprünge insbesondere im Bereich der Bruchzone I lassen sich mit lagerstättengeologischen Fakten später belegen, ebenso das steile NE-Einfallen.

Die strukturbestimmenden Aufschiebungen reichen bis

ins variszisch geprägte Grundgebirgsstockwerk. Diese Aussage ist allein aus den Sprunghöhen zwingend abzuleiten. Sie wird durch korrelierbare Rx-Elemente im Niveau des Siles bestätigt, die entsprechende Versetzungsbeträge aufweisen. Im Unterschied dazu fehlen solche Verwürfe unter den Bruchzonen I und II, d. h., deren Tiefenreichweite ist gering. Daraus wird geschlußfolgert, daß es sich bei diesen Brüchen um „kompensierende Sekundärsprünge" der großen Aufschiebungen handelt.

Abb. 4 gestattet weiterhin Aussagen zum Charakter der salinaren und suprasalinaren Überdeckung: Während die subsalinare Bruchbildung offenbar im mächtigen Zechsteinsalz (Staßfurtsteinsalz Na2 nach SCHULZE 1959 primär etwa 400 bis 500 m) durch dessen kompensierende Fließbewegungen zum Erliegen gekommen ist, hat das mobile Salz die Decke (Buntsandstein) flach schildförmig aufgewölbt und dort Scheitelsprünge ausgelöst. Es scheint, daß einige dieser Verwerfungen in direkter Fortsetzung der subsalinaren Bruchzonen I und II aufsitzen (siehe auch Streichen der Störungen in Abb. 2a und b) und genetisch mit diesen in Verbindung zu bringen sind. Darauf wird bei der strukturgenetischen Interpretation nochmals eingegangen.

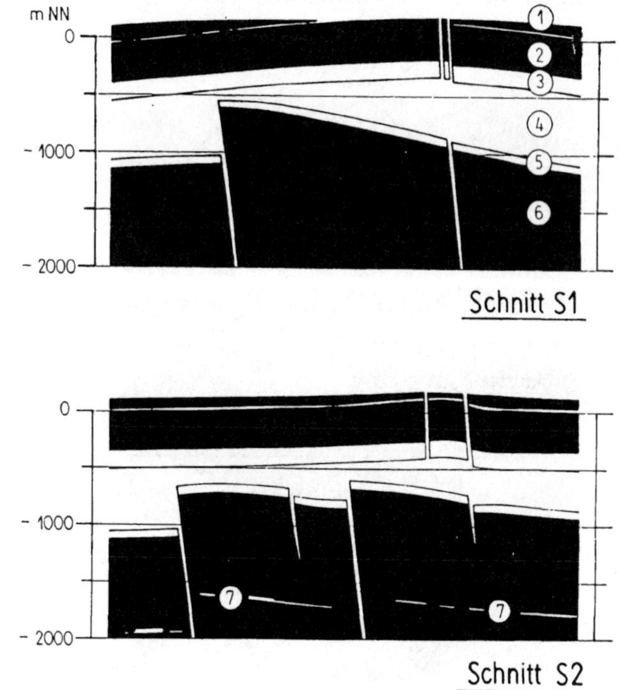

Abb. 4. Geologische Schnitte (Lage: siehe Abb. 2)

1 – Mittlerer Buntsandstein; 2 – Unterer Buntsandstein; 3 – Zechstein 3 und 4; 4 – Staßfurtsteinsalz (Zechstein 2); 5 – Zechstein 1 einschließlich Staßfurtkarbonat (Ca2) und Basalanhydrit (A2); 6 – Rotliegendes und Siles; 7 – reflexionsseismisch erfaßter Horizont

3. Charakteristik des Kluftspeichers

Klufterfassung

Das Rotliegende führt im Gesamtbereich der subsalinaren Hochlage Gas. Die hier geteuften Bohrungen wurden beim Anfahren effektiver Klüfte wirtschaftlich fündig (Abb. 2c). Dabei tritt die Klüftung unterschiedlich in Erscheinung und kann folgendermaßen erfaßt werden.

1. Kern- und Spülverlustintervalle repräsentieren intensiv geklüftete Bereiche, die sich durch extrem hohe Zuflußraten auszeichnen. Die Zufluß"horizonte" lassen sich z. T. bis auf dm-Bereiche einengen. Statische und dynamische Bohrlochmessungen bestätigen diesen Zusammenhang.
2. Am Bohrkern werden in Form von Spezialaufnahmen Kluftart (Groß- und Kleinklüftung), -habitus (Ausbildung der Flächen), -zementation (offen oder verheilt; Zementminerale), -anzahl (meterbezogen zur Bestimmung der Kluftdichte) und -einfallen ermittelt und in Profildarstellungen im Detail übersichtlich dokumentiert.

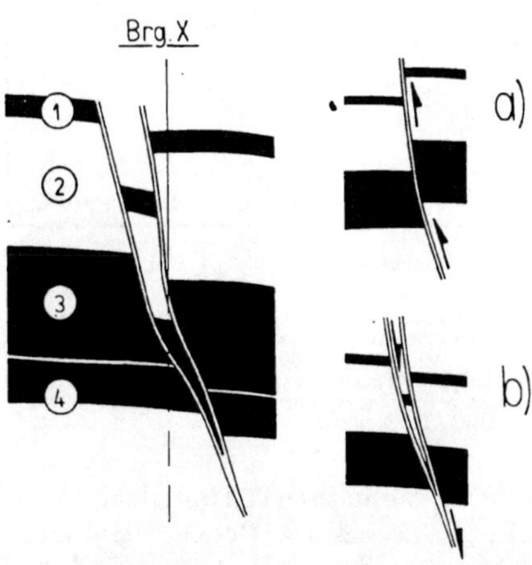

Abb. 3. Kleintektonik im Bereich des NW-Ausgehenden der Aufschiebung II (Bohraufschluß X, Lage: siehe Abb. 2b) und Rekonstruktion des Bewegungsablaufs

a – erstangelegte Aufschiebung; b – nachfolgende Abschiebung
1 – Staßfurtkarbonat Ca2; 2 – Zechstein 1; 3 – Rotliegendes, Schicht E; 4 – Rotliegendes, Schicht B

3. Dünnschliffbeobachtungen zur Ausbildung von Mikroklüften belegen die rupturelle Deformation bis in die kleinsten Gefügeeinheiten der Rotliegendsedimente.

Abb. 5 zeigt einen Profilausschnitt, der die Klüftung hinreichend und repräsentativ charakterisiert. Unter Berücksichtigung aller bisherigen Bohrergebnisse ist anhand solcher Detailaufnahmen festzustellen: Großklüfte (Kluftlänge > 3 cm, Kluftweite > 1 mm) ordnen sich meist zu Kluftscharen. Diese zeichnen sich durch einen unregelmäßig-intervallweisen Wechsel (= Kluftzonen) aus. An Großklüften gemessene Einfallwerte haben ein ausgeprägtes Häufigkeitsmaximum (ca. 60%) bei 80 bis 90°; flachere Fallwerte, bis ca. 50°, sind untergeordnet. Die Kluftflächen haben überwiegend ein einheitliches Azimut (vgl. weiter unten). Querorientierte Klüfte sind vorhanden, treten aber anteilig weit zurück. Die Kluftausbildung ist stark lithotypenabhängig. Während in der Konglomeratfazies, Schicht E, unregelmäßig-absetzige, verzweigte, häufig gefiederte Formen auftreten, zeichnen sich die Sand-, Silt- und Tonsteinstraten, vorwiegend Schicht B, durch ± ebenflächige, lang aushaltende Klüfte aus. Etwa 110 bis 150 m unter der Rotliegendoberfläche tritt mit einem Bindemittelwechsel im Sediment von kalzitisch zu anhydritisch auch eine analoge Änderung der Kluftmineralisation ein. Mit dem Auftreten des Anhydrits verschwindet der offene bzw. teilweise offene, d. h. effektive Klufthohlraum.

Kleinklüfte (Kluftlänge < 3 cm, Kluftweite < 1 mm) sind über das gesamte erschlossene Profil verbreitet. Sie dominieren aber in der Konglomeratfazies bei weitem und treten hier z. T. massenhaft in allen Abmessungen bis an die Grenze der makroskopischen Wahrnehmbarkeit auf. Charakteristisch ist, daß die Kleinklüfte oft nur in Form feinster, aber häufiger Risse die Konglomeratgerölle mit durchsetzen. Hier fallen sie in dichten, dunklen Vulkanitgeröllen besonders auf. Sie verlieren sich gewöhnlich beim

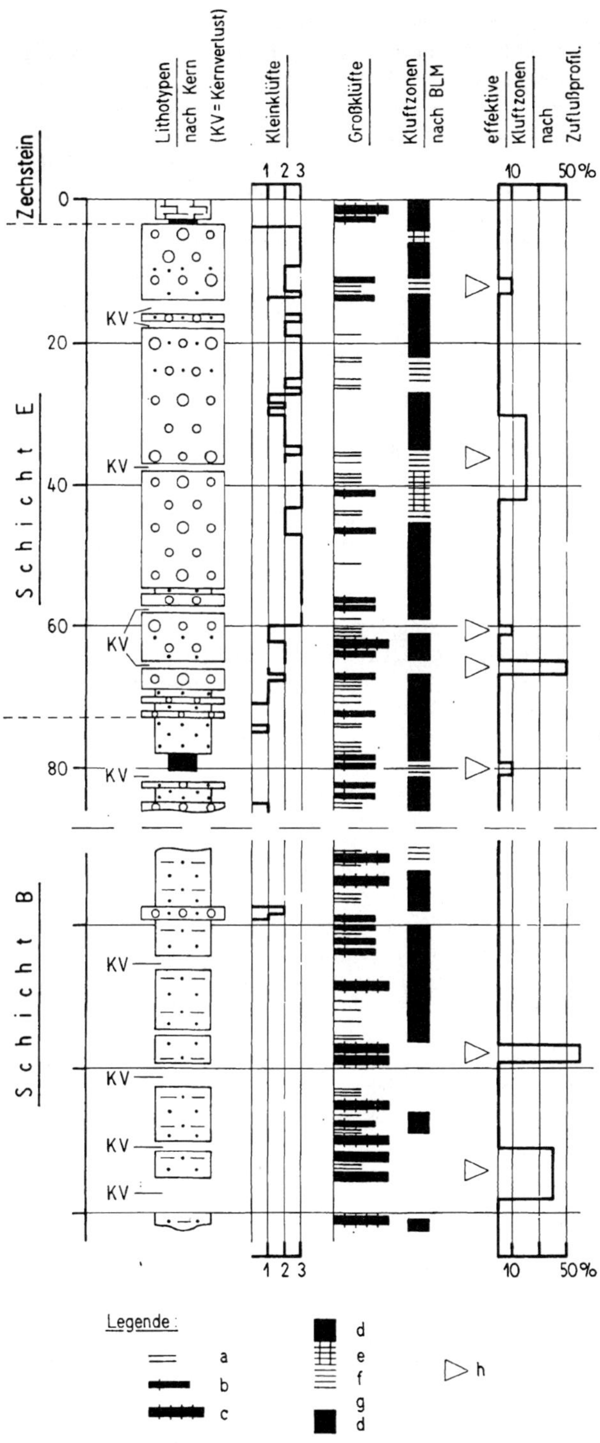

Abb. 5. Klufterfassung am Bohrkern bzw. im Bohrloch am Beispiel zweier ausgewählter Bohrungen mit hohen Kernanteilen in der Schicht E (Fein- und Grobkonglomerat, stark sandig) bzw. Schicht B (Sand- und Siltstein, z. T. tonig)

Kleinklüfte, Häufigkeit: 1 – bis ca. 20 Klüfte pro 0,5 m; 2 – bis ca. 40 Klüfte pro 0,5 m; 3 – über ca. 40 Klüfte pro 0,5 m

Großklüfte: a – Einzelkluft, offen; b – Kluftschar (3–6 Einzelklüfte), teils offen, teils zementiert; c – Kluftschar (über 6 Einzelklüfte), vollständig zementiert

Kluftzonen nach Bohrlochmessungen (BLM): d – keine Klüftung; e – schwache Klüftung; f – mäßige Klüftung; g – starke Klüftung

Kluftzonen nach registrierten Zuflüssen (h), 10 ··· 50% = anteilige Zuflüsse in Prozent des Gesamtzuflusses der Sonde

Austritt aus dem Geröllmaterial in das meist grob- und mittelkörnige Bindemittel, um richtungsgleich in benachbarten Geröllen erneut sichtbar zu werden. – Das Einfallen der Masse der Kleinklüfte, über ca. 80%, entspricht ebenfalls dem Wert von 80 bis 90°.

Mikroklüfte, mit Kluftweiten von < 02 bis < 0,01 mm, werden naturgemäß nur sporadisch in Dünnschliffen beobachtet. Quantitative Aussagen sind daraus nicht ableitbar.

Das Erscheinungsbild der Klüfte, ihre zählende (Kluftdichte) und messende Erfassung (Klufteinfallen), gestattet noch keine Angaben zu ihrer räumlichen Orientierung. Diese Frage ist sowohl für einen optimalen Lagerstätten- bzw. Speicheraufschluß als auch für strukturanalytische und -genetische Aussagen wichtig. Sie wurde bereits im Rahmen einer anderen Arbeit untersucht (ZIEGENHARDT u. a. 1976). Die Ergebnisse lassen sich folgendermaßen zusammenfassen: Die unregelmäßig-intervallweise in Bohrungen angeschnittenen Kluftzonen zeichnen sich neben dem regelmäßigen Einfallen der überwiegenden Anzahl von einzelnen Flächen auch durch ein einheitliches NW-SE-Generalstreichen, im Sinne einer Parallelität zu den strukturbestimmenden Aufschiebungen und Bruchzonen, bei NE-Einfallen aus. Dies ergibt sich zwingend aus den Lagebeziehungen der kluftzonenbedingten Zuflußhorizonte in einigen Sonden zur Lage bekannter Rupturen sowie aus erfolgreichen Sondenintensivierungen mittels Frac. Dabei sind durch hydraulische Rißbildung Anschlüsse an den Sonden benachbarte, in ihrer Lage bekannte effektive Kluftzonen geschaffen worden[1]).

Die so ermittelte räumliche Anordnung der Klüfte, nämlich generelles NW-SE-Streichen bei steilem NE-Einfallen, zeigt eine völlig gleiche Orientierung wie die strukturbestimmenden Verwerfungen (Auf- und Abschiebungen). Das erlaubt den Schluß auf die Existenz eines parallel angelegten Flächengefüges, dem praktisch alle wesentlichen Rupturen (Brüche und Klüfte) zuzuordnen sind und das auf einen einheitlichen Deformationsvorgang zurückgeführt werden kann. Damit gilt für den Bereich der hier untersuchten lokalen Hochlage der einfache, gut überschaubare genetische Zusammenhang zwischen Struktur-, Bruch- und Kluftbildung, wie er beispielhaft fast jedem Lehrbuch der Strukturgeologie entnommen werden kann (vgl. CLOOS 1936, ASHGIREI 1963, METZ 1967, SCHMIDT-THOMÉ 1972, u. a.).

Es bietet sich nunmehr an, die Kluftintensität in ihrer möglichen Abhängigkeit vom lokalen Strukturbau zu untersuchen. Das geschieht durch Auswertung der erreichten Sondenleistungen (die Intensität der effektiven Klüftung bestimmt den Zufluß zur Sonde und damit deren Produktivität) und durch Ermittlung der Kluftzonenabstände in rupturell unterschiedlich beanspruchten Strukturteilen.

Sondenleistungen (Abb. 2c)

Im Bereich der gasführenden Fläche schwanken die Sondenleistungen trotz z. T. benachbarter Lage bis zu zwei Zehnerpotenzen. Strukturtiefer stehende Sonden außerhalb des engeren Topbereichs, etwa jenseits der – 900 m NN-Isobathe, bringen trotz Intensivierung keine oder völlig unbedeutende Zuflüsse. In solchen Bohrungen sind keine offenen Großklüfte beobachtet worden.

Bei den Produktionssonden im Top ist zwischen ihrem Leistungsvermögen im Initialzustand und nach Frac-Behand-

[1]) Diese Ergebnisse sind bei ZIEGENHARDT u. a. (1976) dokumentiert. Hier wird deshalb auf eine Wiederholung verzichtet.

lung zu unterscheiden. Die Tatsache einiger mittels Frac erzielten bedeutenden Leistungssteigerungen bis über eine Zehnerpotenz bzw. die Entwicklung einer initial nichtfündigen Bohrung zur leistungsstarken Fördersonde (siehe ZIEGENHARDT u. a. 1976) bestätigt die Zonalität effektiver Klüfte bei steilem Einfallen. Nur daraus werden die bedeutenden Leistungsschwankungen benachbarter Sonden, die Intensivierungseffekte (mittels Frac) sowie die seltenen Fälle fehlender Zuflüsse im Topbereich verständlich.

Die leistungsstärksten Sonden stehen in direkter NW-Fortsetzung der sicher erfaßten Bruchzone I. Diese verliert in NW-Richtung an Sprunghöhe und setzt sich offensichtlich in Form eines Bereichs extremer ruptureller Deformationen fort, der hier als Hauptkluftbereich bezeichnet wird. In ihm dominieren Klüfte; Verwerfungen geringer Amplituden sind wahrscheinlich. Aus den Lagebeziehungen der Sonden zum Hauptkluftbereich ergibt sich dessen Ausstrich an der Rotliegendoberfläche von mehreren 100 m Breite.

Kluftzonenabstände (Abb. 2d)

Der Hauptkluftbereich (= Block A) repräsentiert innerhalb der subsalinaren Hochscholle offenbar die bedeutendste speichergeologisch wirksame Gefügeanisotropie. Ähnliche, wenn auch schwächer ausgebildete Bereiche dürften in paralleler Anordnung entwickelt sein, sind aber bisher als relativ selbständige Elemente noch nicht erkannt. Unabhängig davon wird der Versuch gemacht, mittlere Kluftzonenabstände für die durch größere Brüche markierten Schollenteile der Struktur (= Blöcke A bis E) durch Mittelung aller in zugehörigen Bohrungen erfaßten Zonen bestimmen. Ein Vergleich dieser Werte mit durchschnittlichen Sondenleistungen der Blöcke zeigt ein erwartetes Resultat, nämlich

— die direkte Abhängigkeit zwischen Kluftintensität, ausgedrückt in den Kluftzonenabständen, und Sondenleistungsverhalten im Sinne des eingangs formulierten Postulats,

— eine offenbar unterschiedliche Kluftintensität der einzelnen Strukturteile. Dabei zeichnen sich, wenn von der Rolle des bereits behandelten Blockes A abgesehen wird, die unmittelbar an die Aufschiebungen I und II angrenzenden Blöcke B und D durch stärkere Klüftung und höhere Sondenleistungen gegenüber dem Block C aus, während Block E, strukturtieferer Randbereich jenseits der Bruchzone II, ohne effektive Kluftzonen bei völlig unbedeutenden Zuflüssen keine nennenswerte rupturelle Beanspruchung erlebt hat.

Der Versuch einer strukturell vorgegebenen Blockeinteilung trifft sicher das Grundschema des Kluftspeicherbaus, kann aber je nach Aufschlußgrad nur ± schematisieren und wird vermutlich mit weiteren Bohrungen einige Veränderungen erfahren. Am ungenauesten sind gegenwärtig die Verhältnisse im südöstlichen Randbereich der Blöcke B, C, D sowie am Nordostrand des Blockes C, d. h. in den Gebieten des Ausklingens der Großklüftung, erfaßt. Hier weisen Einzelbohrungen extrem geringe Zuflüsse bei weitgehender Druckresistenz gegenüber dem zentralen Lagerstättenteil aus. Das bedeutet, daß das einheitliche Kluftsystem lateral (= strukturtiefer) aussetzt. Dieses Aussetzen ist speichergeologisch durch vollständige und/oder teilweise Permeabilitätsbarrieren im Randbereich gekennzeichnet, d. h., hier existieren Klein- und Kleinstblöcke mit fehlender bzw. gehemmter Überströmung zum zentralen Lagerstättenteil. Der so charakterisierte Lagerstättenrandbereich ist z. Z. nicht exakt abgrenzbar.

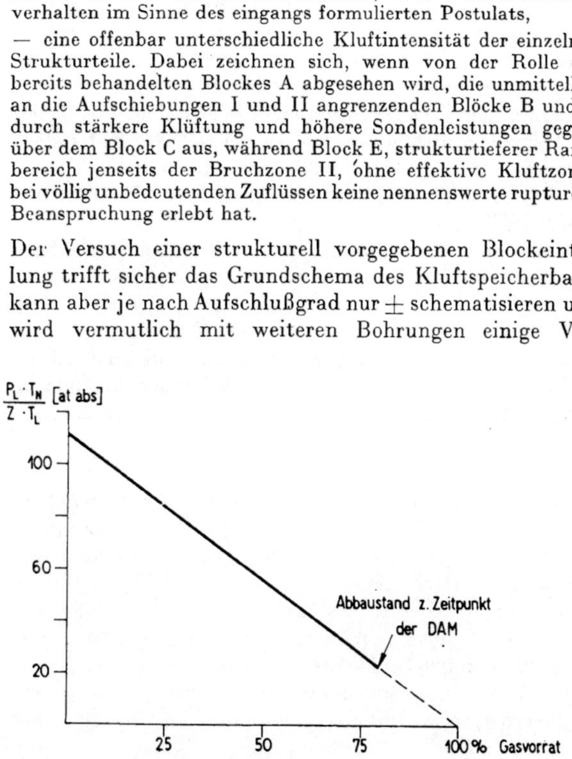

Abb. 6. Lineare Druckabfallcharakteristik des weitgehend abgebauten Erdgaslagers

Gasdynamik im Kluftspeicher

Die vorstehend betonte Abhängigkeit zwischen Kluftausbildung/-intensität und grob abgrenzbaren Strukturteilen im Sinne der Blöcke A bis E vermag nicht, Teile der Lagerstätte gasdynamisch zu isolieren. Vielmehr ist die gesamte gasführende Subsalinarstruktur als einheitliches Reservoir angelegt, in dem lediglich partielle, rupturell bedingte Überströmhemmungen modifizierend wirken. Ursache für allseitige Verbindungen im Speicher sind die bereits erwähnten Querklüfte. Querverwerfungen geringer Amplitude scheinen möglich, sind jedoch bisher nicht nachgewiesen.

Das in seiner Gesamtheit sowohl zur Teufe (=Aussetzen der effektiven Klüfte mit beginnender Anhydritzementation) als auch lateral (= Aufschiebung I bzw. Aussetzen der effektiven Klüfte am strukturellen Abfall) isolierte Erdgaslager arbeitet im reinen Gasexpansionstrieb. Die durch zuverlässige Meßwerte gut belegte lineare Druckabfallcharakteristik (Abb. 6) stützt die Aussage zum einheitlichen Reservoir (unter Beachtung des unbedeutenden Vorratsanteils der beschriebenen Randeffekte) und zur Existenz eines „Einfachporositätssystems“ im Sinne des effektiven Kluftvolumens. Die für den späteren Untergrundgasspeicherbetrieb wichtige Frage nach dem „inneren Speicherbau“ wurde zugespitzt auf zwei Standpunkte, und zwar:

1. Anerkennung der Existenz eines Kluftspeichers (d. h. der weitaus überwiegende Speichervolumenanteil ist kluftgebunden) in Übereinstimmung mit den strukturgeologischen Untersuchungen zur Klufterfassung und -bewertung sowie unter Berücksichtigung der petrophysikalischen Parameter der ungeklüfteten Gesteinsmatrix, die deren Speichercharakter widerlegen;

2. Anerkennung eines „Zweifachporositätssystems“ im Sinne klüftiger Porenspeicher, d. h. Matrix = Speicherraum, Kluft = Leitraum, mit völlig unbedeutendem Kluftvolumenanteil.

Unabhängig davon, daß der einheitliche Kluftspeichertyp auch lagerstättengenetisch begründet werden kann (darüber wird später in dieser Zeitschrift berichtet), ist die Frage nach einer effektiven Matrix im Zuge einer Druckaufbaumessung (DAM) der gesamten Lagerstätte zusätzlich überprüft worden. Abb. 2e zeigt die Druckverteilung kurz nach Schließen aller Sonden (DAM nach 100 Stunden). Die mit fast 10 kp/cm² unerwartet hohen Druckdifferenzen innerhalb der produktiven Speicherfläche der Blöcke A bis D sind Ausdruck der inhomogenen Kluftausbildung und treten durch die nicht der Speichervolumenverteilung proportionale Gasentnahme hervor.

Die Meßergebnisse im Block E sowie in Sonden der Randbereiche der Blöcke B und C erhärten die Vorstellung von einem allmählichen lateralen Ausklingen der rupturellen

Beanspruchung und der damit einhergehenden Verringerung von Kluftvolumen und -leitfähigkeit: Nach 4-jährigem Abbau mit einem Ausbringen von 75% des Vorrats liegt der statische Bohrlochsohlendruck dort bei 55 bis 85% des Initialwerts. Im Verlauf der rund 80 Tage dauernden DAM wurde in diesen der Beobachtung zugänglichen Randbereichen mit relativer Druckerhaltung keine Veränderung gemessen. Sie sind, auch unter Beachtung ihrer geringen Speichervolumina, offenbar für das Druckverhalten des produktiven Speicherareals während der DAM ohne Relevanz. Ihr Nachweis stützt jedoch qualitativ die Interpretation des Druckverhaltens im produktiven Bereich nach dem Schließen der Lagerstätte, das durch stark instationäre areale Ausgleichsbewegungen charakterisiert wird.

Bis zum Ende der DAM erfolgte der Abbau der Druckdifferenzen in den Blöcken A bis D bis auf rund 3,5 kp/cm^2 (Abb. 2d, DAM nach 1900 Stunden). Als Speisegebiete der Ausgleichsströmungen sind der gesamte Block D und der Südostteil des Blockes B sicher erfaßt. Diese Gebiete sind den oben erwähnten Randbereichen relativer Druckerhaltung vergleichbar. Die Existenz weiterer solcher Gebiete ist wahrscheinlich; jedoch ist aus dem Abbauverhalten schlüssig abzuleiten, daß ihr Speichervolumen unbedeutend ist.

Während für die Überströmhemmung im SE des Blockes B das randliche Ausklingen des Kluftsystems verantwortlich ist, leitet sich aus der Druckverteilung zwingend die partielle Impermeabilität der Aufschiebung II ab. Diese ergibt sich aus der wechselnden Amplitude der Ruptur im Verhältnis zu der oben ausgewiesenen Mächtigkeit des effektiv geklüfteten Gesteinsverbands von ca. 110 bis 150 m. Überschreitet die Amplitude einen solchen Wert, so bedingt das eine gasdynamische Trennung beider an die Ruptur angrenzenden Blöcke C und D. Wird der Wert jedoch unterschritten, so führt dies zum direkten Kontakt der geklüfteten Stockwerke beider Blöcke. Damit läßt sich in Übereinstimmung zwischen strukturellem Bild (Abb. 2b) und Gasdynamik (Abb. 2e, f) der Überströmbereich entlang der Aufschiebung II sehr gut lokalisieren.

Die Bruchzone I tritt in ihrer Wirkung auf die Gasdynamik unterschiedlich in Erscheinung: Im Bereich ihrer *rx*-seismischen Erfassung als vermutlich „einfacher Sprung" führt sie trotz geringer Amplitude (etwa um 50 m) zu einer weitgehenden gasdynamischen Trennung der Blöcke B und C; im NW geht sie in den extrem permeablen Hauptkluftbereich (= Block A) über.

Der stark instationäre Charakter des Druckverlaufs an den Meßlokationen ist Ausdruck relativ geringer Druckdifferenzen zwischen den an den Ausgleichsströmungen beteiligten Bereichen. Eine poröse Matrix mit dem ihr auf Grund des großflächigen, mächtigen Gasstockwerks notwendigerweise zuzuordnenden großen Speichervolumen scheidet damit als Ursache solcher beobachteten Druckänderungen mit Sicherheit aus. Diese werden nachweisbar durch quantitativ differenzierte laterale Ausgleichsbewegungen verursacht.

Aus den Untersuchungen der gasdynamischen Verhältnisse im Kluftspeicher und aus dem durch einen linearen Zusammenhang von Schichtdruck und kumulativer Gasentnahme charakterisierten Abbauverhalten (Abb. 6) wird abgeleitet, daß das Speichervolumen praktisch fast vollständig vom Kluftvolumen realisiert wird. Diese Aussage kann später durch die bereits erwähnte, in Vorbereitung befindliche lagerstättengenetische Interpretation voll gestützt werden.

Kluftspeichermodell

Die aus der Gasdynamik gewonnene Bestätigung des Kluftspeichertyps gestattet es, zusammen mit der vorausgegangenen räumlichen Fixierung der effektiven Kluftzonen das in Abb. 7 dargestellte Kluftspeichermodell abzuleiten. Es ist als Kluft-„Block"-Modell gekennzeichnet durch

- Fixierung der Lage effektiver Großklüfte nach Generalstreichen und -einfallen sowie mittleren Abständen;
- eindeutige vertikale (Hangendes: Zechsteinsalinar, Liegendes: Front der anhydritischen Kluftmineralisation) und horizontale Abgrenzungen (Brüche bzw. natürliches Ausklingen der Klüftung);
- Wirksamkeit der „Blöcke" infolge lithotypenabhängiger, unterschiedlich intensiver und z. T. fehlender Klein- und Mikroklüftung.

Dieses Kluft-„Block"-Modell verzichtet somit auf wirksame Volumina der Gesteinsmatrix, die nach Ausweis ihrer mittleren Porositäts- und Permeabilitätswerte (vgl. Abb. 1) ohnehin als Nichtspeicher zu bezeichnen ist. Eine völlig unbedeutende Ausnahme können in geringen Anteilen ermittelte Großporen mit Radien > 5000 nm spielen. Für sie ist insbesondere dort eine Speicherfunktion möglich, wo sie direkt durch effektive Klüfte angeschnitten werden. Sie stellen damit gewissermaßen eine Erweiterung der Kluftvolumina dar, jedoch ist der auf diese Weise von der Matrix beigesteuerte Speicherraum als praktisch bedeutungslos einzuschätzen. Für eine nähere Quantifizierung fehlen die Voraussetzungen.

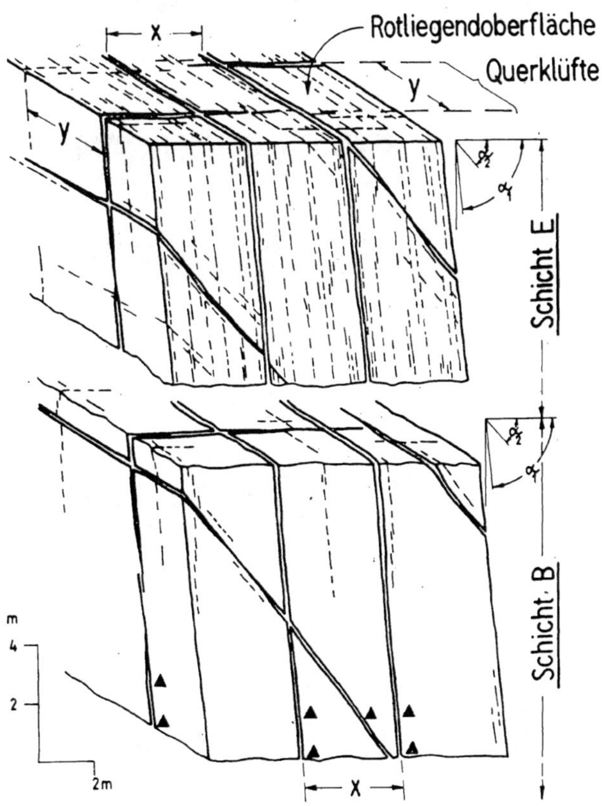

Abb. 7. Modellschema der Klüftung

α_1 — Einfallwinkel der dominierenden Kluftzonen (durchschnittlich ca. 85°); $\bar{\alpha}_2$ — Einfallwinkel der untergeordneten Kluftzonen (um ca. 50°); x — mittlerer Kluftzonenabstand (ca. 1,6–3,6 m); y — Abstand der Querklüfte (nicht bestimmbar)

Die schwarzen Dreiecke kennzeichnen die zum Liegenden einsetzende anhydritische Kluftmineralisation, an der die effektive (offene) Klüftung aussetzt

4. Strukturgenetische Interpretation

Eine abschließende kinematische Interpretation des Bewegungsablaufs soll den genetischen Zusammenhang zwischen subsalinarer Strukturbildung und ruptureller Deformation verdeutlichen und damit die Anlage des Kluftspeichers erklären. Das geschieht anhand einer Rekonstruktion chronologisch folgender paläostruktureller Schnitte (Abb. 8).

Etappe I kennzeichnet den ungestörten Ausgangszustand, der zeitlich mangels jüngerer Sedimentüberdeckung nur als „jungtriassisch" einzuordnen ist. Die durchgehend flache Lagerung ist aus gut belegten paläogeographischen Karten vom Siles bis in die Trias abzuleiten (auf diese Kartendarstellungen wird hier verzichtet).

Etappe II zeigt die Reaktivierung von Tiefenbrüchen durch generell vertikal gerichteten, schwach SW-vergenten Schollenaufstieg (= Anlage der Aufschiebungen I und II), der im überlagernden Zechstein durch plastisches Salzabfließen bruchlos „abgepuffert" wird. Dabei kommt es über dem Nordostabfall der sich bildenden Subsalinarstruktur zur Salzakkumulation mit flach schildförmiger Aufwölbung des Suprasalinars.

Etappe III charakterisiert ein fortgeschrittenes Stadium des subsalinaren Aufstiegs, in dem die Aufschiebungen I und II durch an der Rotliegendoberfläche ansetzende Sekundärsprünge (Bruchzonen I und II) teilweise kompensiert werden. Zu diesem Zeitpunkt ist die größere Menge des Zechsteinsalinars über der Hochlage bereits lateral ausgewandert. Seine Mächtigkeit ist im Topbereich auf weniger als 100 m reduziert, gegenüber rund 400 bis 500 m primärer Mächtigkeit; in den benachbarten Akkumulationszentren erreicht es rund 600 m (über der südwestlich anschließenden Tiefscholle sowie im nordöstlich anschließenden Salzkissen unter der suprasalinaren Aufwölbung). — Die Detailbewegungen (Sekundärsprünge) in den Bruchzonen I und II können als „letzter Akt" der subsalinaren Strukturbildung aufgefaßt werden. Sie belegen ein kompensierendes „Zurücksinken" subsalinarer Schollenteile im Hinterland der großen Aufschiebungen. Davon kann offenbar das Suprasalinar mitbetroffen werden.

Etappe IV stellt die Lagerungsverhältnisse am Ende der Strukturbildung dar. Auch dieser Zeitpunkt kann nicht exakt fixiert werden. Aus regionaltektonischen Analogien ist zu schlußfolgern, daß der Höhepunkt tektonischer Aktivitäten etwa in die höhere Oberkreide und an der Wende Kreide/Tertiär eingeordnet werden kann.

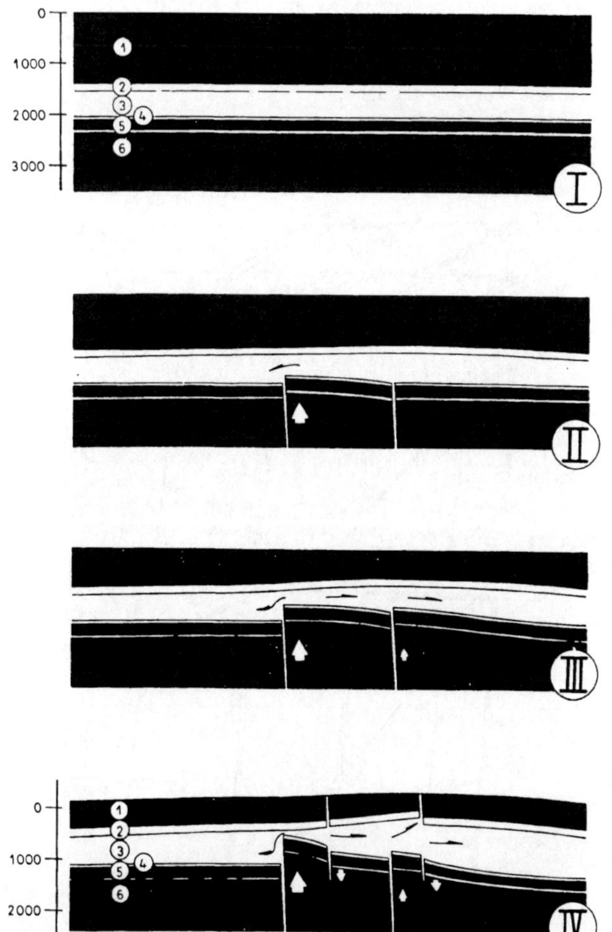

Abb. 8. Kinematik der lokalen Strukturbildung (halbschematisch)

I–IV = chronologische Folge; im Text erläutert
1 — Trias; 2 — höherer Zechstein (K2—A4r); 3 — Staßfurtsteinsalz (Na2); 4 — tieferer Zechstein (T1—A2); 5 — Rotliegendes, Schicht E; 6 — Rotliegendes, Schicht B und deren Liegendes; 7 — Tendenz der subsalinaren Schollenbewegungen; 8 — Hauptfließrichtungen des wandernden Staßfurtsteinsalzes

Zusammenfassung

Die Arbeit analysiert den strukturellen Bau einer lokalen subsalinaren Hochscholle. Diese zeichnet sich durch bedeutende Brüche sowie eine intensive Klüftung aus. Die effektiven (offenen) Klüfte führen Erdgas; sie bestimmen die Speichercharakteristik. Bisheriger Abbau sowie eine Druckaufbaumessung für die gesamte Lagerstätte bestätigen den Kluftspeichertyp. Durch Messungen am Bohrkern mittels statischer und dynamischer Bohrlochmessungen sowie durch Analyse des Sondenverhaltens gelingt es, die effektiven Klüfte qualitativ und teilweise quantitativ zu erfassen. Daraus läßt sich ihre räumliche Verteilung ableiten und in Form eines Kluftspeichermodells darstellen. Dieses Modell bildet den genetischen Zusammenhang zwischen Struktur-, Bruch- und Kluftbildung ab. Das wird anhand einer Interpretation der Kinematik gestützt.

Резюме

Работа анализирует структурное строение локальной субсоляной высоколежащей глыбы. Она отличается значительными разломами как и интенсивной трешиноватостью. Эффективные (открытые) трещины содержат газ; они определяют характеристику коллектора. Проведенные до сих пор разработка как и измерения нарастания давления для всего месторождения утверждают тип трещиноватового коллектора. При помощи измерений керна, статическими и динамическими каротажами как и анализами проведения скважин получается, охватывать качественно и частично количественно эффективные трещины. Из этого возможно выводить их пространственное размещение и изобразить в виде модели трещиноватового коллектора. Эта модель изображает генетическую связь между структурным, разломным и образованиями трещин. Это поддерживается на основе интерпретации кинематики.

Summary

The structure of a local subsaliferous upper block characterized by important faults and an intense jointing is analysed. The gas-bearing effective (open) joints determine the storage characteristic. The exploitation so far made and a pressure build-up measurement of the whole deposit confirm that the store in question is of the jointed type. Core measurements by means of static and dynamic bore-hole surveys as well as an analysis of the well behaviour made it possible to determine qualitatively and, in part, quantitatively effective joints, as a result of which their spatial distribution can be derived and described as a joint store model. This model represents the genetic relationship between structuring, faulting and jointing, and is supported by a kinematic interpretation.

Literatur

ASHGIREI, G. D.: Strukturgeologie. — VEB Deutscher Verlag Wissenschaften, Berlin 1963.

BANDLOWA, T.; KATZUNG, G.: Zum Auftreten von Erdgas in Verbreitungsgebie-

ten kohleführender Ablagerungen. — Z. angew. Geol., 21, 10, 467—472, Berlin 1975.
BOIGK, H.; STAHL, W.: Zum Problem der Entstehung nordwestdeutscher Erdgaslagerstätten. — Erdöl u. Kohle, 23, 325—333, Hamburg 1971.
CLOOS, H.: Einführung in die allgemeine Geologie. — Verlag Bornträger, Berlin 1936.
GLUSCHKO, W. W. u. a.: Grundzüge des geologischen Baus und der Gasführung des Rotliegenden in der Mitteleuropäischen Senke. — Z. angew. Geol., 21, 6, 253—262, Berlin 1975.
KÖLBEL, H.: Jura. In: Grundriß der Geologie der Deutschen Demokratischen Republik, Bd. 1, Geologische Entwicklung des Gesamtgebietes. — Akademie-Verlag, 290—315, Berlin 1968.
METZ, K.: Lehrbuch der tektonischen Geologie. — Enke-Verlag, 2. Aufl., Stuttgart 1967.
RUSITZKA, D.; JUBITZ, K.-B.: Trias. In: Grundriß der Geologie der Deutschen Demokratischen Republik, 1, Geologische Entwicklung des Gesamtgebietes. — Akademie-Verlag, 268—289, Berlin 1968.
SCHMIDT-THOMÉ, P.: Lehrbuch der Allgemeinen Geologie, II, Tektonik (Hrsg.: R. BRINKMANN). — Enke-Verlag, Stuttgart 1972.
SCHULZE, G.: Beitrag zur Stratigraphie und Genese der Steinsalzserien I—IV des mitteldeutschen Zechsteins unter besonderer Berücksichtigung der Bromverteilung. — Freiberger Forsch.-H., A 123, Berlin 1959.
ZIEGENHARDT, W. u. a.: Strukturelle Charakteristik eines Kluftspeichers im Saxon (Rotliegendes) und daraus abgeleitete erkundungsmethodische Probleme und Ergebnisse. — Vortrag, gehalten auf dem Berg- u. Hüttenmännischen Tag der Bergakademie Freiberg, Freiberg 1976. Neue Bergbautechnik (im Druck).
Autorenkollektiv: Die Erdöl- und Erdgaslagerstätten der nordwesteuropäischen erdöl-erdgasführenden Provinz (russ.). — Isdat. Nedra, Moskau 1975.

Ergebnisse, Trends und Perspektiven des XXV. Internationalen Geologischen Kongresses in Sydney, Australien 1976. – Teil II

JUBITZ, K.-B.; TISCHENDORF, G., Berlin; WIENHOLZ, R., Freiberg

B. Geologische Typengebiete Australiens (Auswahl nach Fachexkursionen)

1. Geologischer Bau Australiens (Überblick)

Mit ca. 7,7 Mill. km² Fläche ist Australien der kleinste Kontinent der Erde, umfaßt flächenmäßig dennoch aber das ca. 80fache des Territoriums der DDR. Morphologisch zeichnet sich der „5. Kontinent" durch ein altes und damit ausgeglichenes Relief von Hochflächen (Westaustralien, Zentralaustralien) oder Niederungen (Großes Artesisches Becken, Murraybecken) aus; nur die Faltengebiete im E des Kontinents (Dividing-Range) und Bruchfaltengebiete Zentralaustraliens (McDonnel-Range) erreichen Höhen über 1000 m NN. Die höchste Erhebung liegt im Südostteil des Kontinents (Mt. Kosciusko 2234 m). — Die Gliederung der Küste des Kontinents ist auffallend gering, jedoch entsprechen die meisten der heutigen Golfe einer darunter befindlichen Anlage geologischer Marginalbecken des Kontinents (z. B. Bonapartegolf im NW, Carpentariagolf im N, Große Australische Bucht im S; vgl. Abb. 2).

Die geologischen Aufschlußbedingungen resultieren im wesentlichen aus der Wechselwirkung von Relief sowie Klima- und damit Vegetationszonen, die den Kontinent nahezu konzentrisch umranden und von tropisch-subtropischen Gebieten (NE, E, SE), über Savannen bis zum Wüstentyp (Zentral- und Westaustralien) reichen. Die McDonnel-Range in Zentralaustralien zwischen Großer Sandwüste und Simpsonwüste gehört daher aus klimatischen Gründen zu einem der am besten aufgeschlossenen Gebiete Australiens, wobei u.E. rezente Krustenbewegungen vermutlich eine zusätzliche Rolle für die dort abnorme Reliefbildung Zentralaustraliens spielen dürften (Postumität zum tektonischen Nordrand des Amadeusbeckens). — Auf Grund der ariden Verwitterungsbedingungen haben sich Impacts (Astroblem „Gosses Bluff"/Zentralaustralien, vgl. Abb. 5) und Meteoritenkrater (u. a. Henbury Krater/Zentralaustralien, prähistorisch) mit einem im Vergleich zu humiden Gebieten bemerkenswert frischen Relief erhalten.

Aktuogeologisch sind die Salzseen (Playas) der abflußlosen Senken, speziell des Eyre- und Torrenssees (— 12 m NN), sowie die Längsdünensysteme (seit dem Spättertiär) besonders typisch. (vgl. Abb. 3, 4).

Linear angeordnete Gebiete erhöhter Seismizität mit Magnituden von 6 bis 7 der RICHTER-Skala konzentrieren sich auf Westaustralien, den südlichen Zentralteil bis zum Spencergolf und den SE des Kontinents (Dividing-Range), bedingt durch die räumliche Bindung an Lineamente und Blockstrukturen des Fundaments.

In seiner geologisch-historischen Entwicklung zeichnet sich Australien durch ein sehr altes Fundament aus, das sich aus archaisch-altproterozoischen Kernen im W des Kontinents (Pilbara-Yilgarn-Block) und alt- bis mittelproterozoischen Blöcken des nördlichen und südlichen Zentralaustraliens (Arunta-Gawler-Block) zusammensetzt (vgl. Abb. 2); der Hauptplutonismus dieser Gebiete erfolgte bei ca. 2650 Mill. bzw. 1750 Mill. Jahren. Ähnlich den Verhältnissen des westlichen Euroasiatischen Kontinents streichen die inneren Strukturelemente der alten Blöcke Australiens ebenfalls bevorzugt in meridionaler Richtung bis NNW-SSE. Nach E wird das Fundament zunehmend jünger, indem sich jungproterozoische Faltengebiete („Adelaiden") und östlich davon im weiteren Bereich des Dividing-Range kaledonisch-variszische Bauelemente anschließen („Tasmaniden"). Dieses Tektogen der Paläozoiden ist genetisch in ein westliches Element (Lachlangeosynklinale) mit einem Hauptfaltungsalter zwischen mittlerem Ordovizium bis mittlerem Silur (Benembranorogenese)[1] und mittleren Silur bis Mitteldevon (Bowning-Tabberabberan O.) sowie in ein östliches Element (Neuenglandgeosynklinale) gegliedert, das ähnlich wie der Südural i.w. permisch gefaltet wurde (Hunter-Bowen O.). Beide Geosynklinalen werden durch einen Vulkangürtel vom Andentyp getrennt, der seit dem Devon aktiv war und auf Subduktionszonen im E des heutigen Kontinents bezogen wird. Die magmatische Hauptaktivität beider Geosynklinalen erfolgte vor 400 Mill. Jahren (etwa Unterdevon) bzw. vor 230 Mill. Jahren (höheres Perm). Der Deformationsstil entspricht etwa dem der mitteleuropäischen Paläozoiden, jedoch ist der Magmatismus der Tasmaniden in bezug auf Verbreitung und zeitliches Durchhalten offensichtlich wesentlich stärker als in Europa. — Entsprechend dieser Gesamtentwicklung beginnt das Deckgebirge Westaustraliens bereits im tieferen Proterozoikum (ca. 2200 bis 1900 Mill. Jahre), während es im E des Kontinents erst nach der Hunter-Bowen-Orogenese (Oberperm) mit kohleführenden Molassen einsetzt, d. h. bei ca. 220 bis 250 Mill. Jahren. Die Kohlenlagerstätten Australiens sind bevorzugt daher an den Ostteil des Kontinents gebunden (vgl. Abb. 7).

Die gesamte paläogeographische Entwicklung des Kontinents ist, grob betrachtet, durch randliche Transgressionen über den heutigen Kontinentblock charakterisiert, wobei „transkontinentale" Überflutungen im höheren Proterozoikum-Kambrium und Alb stattfanden. Die jüngere mesozoische Entwicklung wird durch Zerlegung des ehemaligen Gondwanakontinents und einen damit verbundenen Beckenbildungsvorgang charakterisiert (Rift- und Driftprozeß); hierbei wird ein Teil des Fundaments aus dem Ostteil des Kontinents später erneut in die känozoischen Faltungsstrukturen des Melanesischen Bogens zwischen Neuguinea und Neuseeland einbezogen (vgl. Abschnitt A.4). — Die Mächtigkeit der aufgelagerten Becken erreicht im Durchschnitt 2000 bis 3000 m Sedimentauflagerung, im Einzelfall jedoch z. T. mehr als 10000 m (Amadeusbecken, Benburytrog des Perthbeckens im Westteil des Kontinents; mehrere Marginalbecken des Kontinents). Die geologische Geschichte Australiens weist drei Glazialzeiten aus; im höheren Proterozoikum (ähnlich der südsibirischen Vereisung), im Oberkarbon/Perm (Gondwana) und schließlich im Quartär.

Das heutige geologische Kartenbild (vgl. Abb. 1) wird bevorzugt von den ausgedehnten Beckenstrukturen Zentralaustraliens (Canning-Becken, Amadeus-B., Warburton-B. mit

Fortsetzung von Heft 11/1977

[1] Seitens der australischen Geologen werden die tektonischen Deformationen i. W. bevorzugt nach „Orogeny" (Tektogenese in unserem Sprachgebrauch) und „Movement" (etwa Dictyogenese bis starke Epirogenese hiesiger Terminologie) unterschieden. Unsere Ausgliederung von morphotektonischen Etappen des Kratonisierungsprozesses von Tektogenen (Orogenese, Morphogenese) wird in dieser Form nicht durchgeführt.

NW-SE-Erstreckung) und den in der Regel jüngeren Becken mit bevorzugt meridionalem Verlauf (Cooper-B., Sydney-Bowen B., Galilee-B., Bowen-B.) bestimmt, die seitlich von den phanerozoischen Faltengebieten der Tasmaniden im E sowie von den Fundamentstrukturen des Archaikums und Proterozoikums im W flankiert werden. Charakteristisch für die Begrenzung der einzelnen Strukturgebiete, speziell der Blöcke, sind Lineamente, so z. B. die Darling-Fault und Fraser-Fault in Westaustralien, das Halls Creek Fault-System im NW sowie das Torrenslineament im zentralen Südaustralien, das übrigens nach S in Transformstörungen des Indisch-Pazifischen Rückens übergeht (vgl. Abb. 1).

Gemäß der „Tectonic Map of Australia and New Guinea" (SWOBODA 1971) wird der Australische Kontinent in mehrere „orogenetische Provinzen + metamorphe Komplexe" untergliedert (Westaustralische P. Nordaustralische P., Zentralaustralische P., Ostaustralische P., = Tasmaniden), die sowohl in der Vertikalen als auch der Horizontalen mit einem postorogenetischen „Übergangskomplex" verbunden sind. Letztere Gesteinskomplexe leiten in das Tafeldeckgebirge über (Platform cover). Als Kratondeformationen werden jüngere Deformationen bezeichnet, die sowohl das Fundament als auch das Tafeldeckgebirge erfassen, d. h. in der Regel auf tiefgreifende Krustendeformationen beziehbar sind.

Lagerstättenmäßig gehört Australien zu einem der wichtigsten Rohstoffprovinzen der Erde (vgl. Abb. 6), insbesondere in bezug auf die Buntmetallführung (Ag, Cu, Pb, Zn von Broken Hill, Mt. Isa; Tennant Creek), Cu/Au von Mt. Lyell, Sn von Renison in Tasmanien, vgl. Abschn. B.3). Außer Wolfram, Molybdän, Antimon, Tantal, Titan und Kobalt spielen in zunehmendem Maße die Uranlagerstätten eine besondere wirtschaftspolitische Rolle (Rum Jungle-Distrikt und Alligator River-Feld, Nordterritorium; Mary Kathleen, Queensland).

Der Abbau von Gold konzentriert sich bevorzugt auf Westaustralien (Kalgoorlie seit 1893; Mt. Magnet, Wiluna). Eine international führende Stellung neben der UdSSR, Brasilien und Indien hat Australien durch seine präkambrischen Erzlagerstätten in Westaustralien (Hamersley Basin-Provinz mit den Hämatit-Goethit- und Limonitlagerstätten Parabordoo, Mt. Goldsworthy, Shay Gap) erreicht, deren Erze bevorzugt in den industriellen Zentren von Port Kembla/Newcastle (N.S.W.), Whyalla (S-Australien) und Kwinana (W-Australien) verhüttet werden. Die Gesamtförderung Australiens an Eisenerz beträgt ⌀ ca. 70 bis 80 Mill. t/Jahr[2]).

Auch die fossilen Kohlenstoffträger wie Steinkohle, bevorzugt im Sydney- und Bowenbecken abgebaut (⌀ ca. 60 Mill. t/Jahr), und Braunkohlen der Staaten Victoria und Südaustralien (⌀ ca. 25 Mill. t/Jahr) haben für den Export Australiens nach Südostasien, Südamerika und auch Europa (verkokbare Steinkohlen) bzw. die eigene Energiegewinnung (Braunkohlen) eine hohe ökonomische Bedeutung, zumal die Vorkommen in der Nähe des Meeres verkehrsgeographisch ausgesprochen günstig liegen. Im Staate Queensland (33% der Gesamtsteinkohlenförderung) werden 81% im Tagebau gefördert, wobei ein maximales Abraumverhältnis von 7:1 ökonomisch noch tragbar ist; im benachbarten Neusüdwales (62% der Gesamtsteinkohlenförderung) wird die Hauptmenge der Kohlen (85%) im Tiefbau gewonnen. — Die Braunkohlenvorräte von Victoria, die sich submarin bis unter die Bass-Strait fortsetzen, gehören zu den größten der Welt.

Etwa 70% seines Eigenbedarfs deckt Australien mit eigener Erdölförderung (⌀ 17 Mill. t/Jahr) ab; die Hauptlagerstätten liegen im E des Kontinents (Roma, Moonie westl. Brisbane; Gidgealpa — Moomba nördlich Adelaide, Marlin-Gasfeld in der Bass-Strait südöstlich Melbourne) sowie im W des Kontinents (Dongara; Barrow sowie Dampierbecken im Offshore-Bereich) und sind an meso- bis känozoische Serien gebunden (vgl. Abb. 7). Neue Lagerstätten wurden im Amadeusbecken Zentralaustraliens entdeckt (Palm Valley, Mereenie), wo sie an kambro-ordovizische Sandsteine gebunden sind (vgl. Abschn. B.2).

Große Bedeutung haben bei einer Förderung von ca. 15 Mill. t/Jahr die Bauxitlagerstätten im Nordteil des Landes (Weipa/York-Halbinsel, Gove). — Sedimentäre Phosphatlagerstätten wurden im Georginabasin (Vorkommen Lady Annie, Duchess/Queensland) nachgewiesen, ebenso Manganerze auf der Insel Groote Eylandt im Carpentaciagolf.

[2]) Die stark abgerundeten durchschnittlichen Förderzahlen beziehen sich auf die Zeit Anfang bis Mitte der 70er Jahre (Autorenkollektiv/Länder der Erde. Politisch-ökonomisches Handbuch — 6. Aufl., 832 S., Verl. Wirtschaft, Berlin 1975).

Die weltbekannten Opale Australiens kommen aus den Vorkommen von Coober Pedy und Andamooka westlich des Torrenssees (Südaustralien) sowie von Lighthing Ridge (Neusüdwales).

Zu einer hydrogeologisch-ingenieurgeologischen Spitzenleistung im internationalen Maßstab muß das sogenannte „Snowy-Mountains Projekt" im Südteil des Dividing-Range gerechnet werden, durch welches die Wässer des Snowy River im östlichen Abflußgebiet des Dividing-Range in das Abflußsystem des Murrumbidgee und Murray-River des westlichen Abflußgebiets zwecks Bewässerung der landwirtschaftlichen Schwerpunktgebiete Australiens (Victoria) über die Wasserscheide des Gebirges hinweg umgelenkt werden (17 Großdämme, Tunnel- und Aquaduktsysteme, 9 Kraftwerke).

Die Territorialstruktur und damit die Verteilung der Produktivkräfte Australiens wird entscheidend durch die klimatisch-hydrologischen und lagerstättenmäßigen Bedingungen bestimmt. Australien hat den höchsten Grad der Urbanisierung im internationalen Maßstab erreicht, denn 61% der Bevölkerung leben derzeitig in Städten > 100000 Einwohner (England 52%, USA 48%, BRD 31%), während die mittlere Bevölkerungsdichte des Gesamtkontinents nur 2 Einwohner/km² beträgt (DDR: 158 Einwohner/km²).

Die geologische Forschung und Erkundung des Kontinents erfolgt nach einem föderativen System auf Ebene der einzelnen Staaten (Industrie, Staatl. Geologische Dienste, Universitäten); zentrale Funktionen bei der Erforschung der geologischen Ressourcen Australiens übt das Bureau of Mineral Ressources, Geology and Geophysics (BMR), Canberra A.C.T., aus, insbesondere auch auf dem Gebiet einer einheitlichen geologisch-geophysikalischen Kartenaufnahme des gesamten Staatenbundes. Nach statistischen Angaben Australiens arbeiten ca. 600 Geologen im Staatsdienst (CASEY 1976), wobei das Verhältnis von Wissenschaftlern zu wissenschaftlich-technischen Mitarbeitern (einschließlich Ingenieuren) bei etwa 1:0,9 liegt. Gemessen an der Teilnehmerzahl von ca. 1600 Australiern am XXV. IGC dürfte die Gesamtanzahl der in Staatsdienst, Industrie und im Hochschulwesen tätigen Geologen Australiens jedoch ein Mehrfaches davon betragen.

Die geographische und später geologische Erforschung des Kontinents vom Anfang bis zur Mitte des 19. Jahrhunderts ist mit den Namen vieler englischer Geographen und Geologen verbunden, darunter Ch. STUART, O'HARA BURNE, FLINDERS u. a. Auch das Wirken des deutschen Geographen LEICHARDT, insbesondere seine SE-NW-Durchquerung des Australischen Kontinents zwischen Morontonbai und Carpentariagolf (1844/46) findet noch heute hoher Anerkennung in Australien (vgl. KRÜGER 1976).

Als Übersichtsliteratur über die wesentlichen geologischen Zusammenhänge und Grundprobleme Australiens hat sich u.E. die „Tectonic Map of Australia and New Guinea" i.M. 1:5 Mill. (SWOBODA 1971) sehr bewährt, die zusammen mit der aus Anlaß des XXV. Internationalen Geologischen Kongresses herausgegebenen Übersichtskarte „Geology of Australia", i.M. 1:2,5 Mill. (PALFREYMAN u. a. 1976), bereits einen hohen Verallgemeinerungsgrad beinhaltet. Ferner wird in diesem Zusammenhang auf das dem XXV. IGC gewidmete Heft 2/3 des Bandes 12 des Earth — Science Reviews verwiesen, insbesondere auf VEEVERS & MCELHINNY (1976), RUTLAND (1976), COLEMAN & PACKHAM (1976) und bezüglich der historischen Aspekte der geologischen Erforschung des 5. Kontinents auf BRANAGAN & TOWNLEY (1976). Die ausgezeichneten Übersichtsreferate über die „Struktur und unterschiedlichen tektonischen Baustile Australiens" (Symposium 103.3) lagen zur Zeit des Kongresses bereits in Form von Skripten vor, herausgegeben vom BMR (u. a. WILLIAMS, DOUTCH, BRANSON, PLUMB, THOMSON).

2. Geologie des Amadeus-Beckens/Zentralaustralien (Northern Territory)

Allgemeine Problematik des Typengebietes

Das Amadeusbecken Zentralaustraliens, Typ einer aufgelagerten intrakratonalen Syneklise von ca. 800 km Länge und 150 bis 250 km Breite im weiteren Gebiet von Alice Springs (N.T.), gehört heute zu einer der im internationalen Maßstab am besten untersuchten Beckenstrukturen (Stratigraphie — Lithologie, Tektonik, Seismik, Schwere, Magnetik, Lagerstätten). Die seit Mitte der 60er Jahre systematisch im Zusammenhang mit der Erdöl-Erdgas-Exploration und Uranschürfungen durchgeführten Untersuchungen und die bis Anfang der 70er Jahre erfolgten geologischen Dokumentationen (WELLS u. a. 1970) waren Gegenstand von ausgedehnten Fachexkursionsführungen in den Bergwüsten (MacDonnel-Range) sowie Wüsten- und

Steppengebieten Zentralaustraliens, d. h. in den nicht peneplainisierten Hochebenen und Berggebieten mit einer ausgeprägten Orographie (500 bis 1200 m ü. d. M.) und dadurch günstigen, z. T. ausgezeichneten geologischen Aufschlußverhältnissen.

Die wissenschaftliche Grundproblematik der dort durchgeführten Beckenuntersuchung liegt in der Möglichkeit einer kausalen Verbindung der lithologischen Entwicklung eines etwa 9000 bis 10000 m mächtigen Profils (vom Präkambrium bis zum höheren Meso- und Känozoikum) mit der strukturellen Ausbildung (Stockwerke, Deformationsstil) der Plattform- bis Miogeosynklinalsedimente.

Regionaltektonisch befindet sich das Amadeusbecken in einer von NW nach SE den Kontinent durchziehenden Mobilzone, die besonders während des höheren Proterozoikums und Altpaläozoikums aktiv war und die bei einer Längserstreckung von ca. 2000 km heute durch eine Reihe von Becken mit durchschnittlich 3000 bis 8000 m Tiefe markiert wird (von NW nach SE; Canningbecken mit Fitzroytrog, Ngaliabecken, Amadeusbecken, Officerbecken, Warburtonbecken; vgl. Abb. 2). Dadurch wird auch die genetische Lateralbeziehung dieser „Diagonalzone" zu den östlich anschließenden Geosynklinalgebieten der Tasmaniden (z. T. auch Adelaiden) sowohl in paläogeographischer als auch paläotektonischer Hinsicht — unter dem Aspekt der Beziehung zwischen Tektogen und Vorland — erklärt.

Die intrakontinentale Entwicklung des Amadeusbeckens wird besonders durch die Blocktektonik des proterozoischen Fundaments bestimmt, indem die kristallinen Blöcke — Arunta-Komplex (1800 bis 1300 Mill. Jahre) im N, Musgrave-Komplex (1400 bis 1200 Mill. Jahre) im S — die Entwicklung des Amadeusbeckens nach Mobilität und Gesteinsinhalt bestimmten. Eine strukturelle Besonderheit des Tafelbereichs ist hierbei die Bildung eines Decken- und Schuppenbaus an den Flanken des Beckens, indem die Kristallineinheiten der Flanken randlich auf das Becken überschoben werden, z. T. mit Überschiebungsweiten von 5 bis 10 Kilometern! Diese Einengungstektonik zum Abschluß des Hauptbeckenbildungsprozesses während des Karbons ist mit einer intensiven Abscherungstektonik vom Typ der „juratypen Faltung" im Niveau des tiefsten Deckgebirges (Salinare der jungproterozoischen Bitter Springs-Formation und z. T. des Kambriums) gekoppelt (vgl. Abb. 10, 11).

Abgesehen von einem kurzfristigen Vulkanismus des tieferen Oberproterozoikums, der vor Beginn des geschlossenen Beckenbildungsprozesses des höheren Oberproterozoikums offensichtlich im Zusammenhang mit Dehnungsvorgängen erfolgte, ist die Beckenentwicklung amagmatisch. Vom Strukturtyp und der Beckenfüllung (Salinare, Klastite, Karbonatserien einer zeitweisen marinen Entwicklung) her gesehen, bestehen sehr große Analogien zum Donbass bzw. auch zur Mitteleuropäischen Senke, d. h. zu taphrogenen Absenkungsstrukturen, die in ihrer Gesamtentwicklung bruchtektonisch eingeleitet werden (Aulakogene nach SCHATSKIJ).

Stratigraphisch-formationelle Entwicklung

Das Profil des Amadeusbeckens ist formationell nach Einheiten (units, groups, formations, beds) vom Typ geologischer Körper — meist formationell untereinander verbundener Linsenkörper — außerordentlich stark gliederbar, und zwar bedingt durch die Tatsache, daß sich terrigene, ästuarine und marin-epikontinentale Fazien in der Längs- und Querrichtung des Beckens verzahnen. Besonders der Südwest- und Ostteil des Beckens sind auf diese Weise genau erfaßt worden. Demgegenüber ist die orthostratigraphische Zuordnung der einzelnen geologischen Teilkörper infolge der Fossilarmut der bevorzugt klastisch ausgebildeten Schichten nur begrenzt möglich; Spezialuntersuchungen erforschen die Proterozoikum/Phanerozoikum-Grenze (u. a. mit „paläomagnetischer Stratigraphie"), das Kambrium und Teile des Ordoviziums, d. h. dem tieferen Teil der marin-karbonatischen Beckenabfolgen.

Bedingt durch die enge strukturelle Wechselbeziehung mit den benachbarten Kristallinblöcken lag — generell gesehen — die Hauptabsenkungsintensität zunächst während des höheren Proterozoikums im Südteil des Beckens (Musgraveblock), der dort nach den Faltungsvorgängen der Petermann-Range-Orogenese (Tektogenese) an der Wende Proterozoikum/Kambrium mehrere 1000 m mächtige Molassen aufnahm. Diese Rotmolassen dünnen nach N — ähnlich wie in der variszischen Vor- und Außensenke Mitteleuropas — unter Abnahme der Klastizität aus. Seit dem Kambrium-Ordovizium lag der Sedimentationsschwerpunkt im N des Beckens, bedingt durch die tektonischen Aktivitäten am Nordrand des Beckens (Aruntablock). Im Meso-Känozoikum ist die Sedimentation lückenhaft, verursacht durch großräumige Heraushebungstendenzen des Beckens (Inversion nach der Hauptfaltungsvorgängen im Karbon).

Die generelle Sedimentation des Beckens beginnt stratigraphisch (über einem hochkristallinen Proterozoikum und einer weniger dislozierten vulkanoklastischen Serie des Mt. Harris Basalts von ca. 2000 m) mit einer weiträumig über das gesamte Becken verteilten und außerordentlich gleichmäßig entwickelten Basisklastitfolge des Oberproterozoikums von ca. 500 m Mächtigkeit (Heavitreequarzit), die von den ca. 1000 m mächtigen Salinarabfolgen der Bitter Springs-Formation (Dolomite, Anhydrite, Halite) sowie von Siltstein-Sandstein-Konglomerat-Folgen (Areyongaformation und Pertatatakaformation) überlagert wird. Mit steigendem Reifegrad des Beckens macht sich dabei eine fazielle Differenzierung der Sedimentkörper, namentlich im NE des Beckens, bemerkbar. Dieses tiefe Deckgebirge (Oberproterozoikum) endet mit den oben erwähnten Rotmolassen der Petermann-Range-Orogeny (Typ Mt. Curiekonglomerate, Ayers Rock), bedingt durch intensive Faltungsvorgänge an der Wende Proterozoikum/Kambrium (= Baikalische Faltung). Die Gesamtmächtigkeit des proterozoischen Anteils der Beckenfüllung liegt bei ca. 2000 bis 3000 m. Für die spätere disharmonische Verfaltung dieser Gesteinspakete sind die Salinarserien der Bitter Springs-Formation, die übrigens die ältesten Halite der Erde enthält, von besonderer geomechanischer Bedeutung (vgl. Abb. 10).

Mit dem Phanerozoikum (Kambrium) setzt ein 2. Sedimentationszyklus ein, der — ähnlich wie der vorausgegangene — mit Klastiten beginnt und über karbonatisch-marine Serien zu mächtigen Sandsteinen eines ausklingenden Beckenbildungsprozesses weiterführt. So wird während des Kambriums und Ordoviziums (Pertaoorta-Group, Larapinta-Group; insgesamt ∅ ca. 4000 m) mit Dolomiten und Kalksteinen paläogeographisch eine maximale Verbindung zum östlich angrenzenden Geosynklinalraum der Tasmaniden erreicht. Den kaledonischen Faltungsvorgängen im benachbarten Tektogen entsprechen im Amadeusbecken nur epirogenetische Bewegungen mit Schichtausfällen; transgressiv liegen Silur bis Mitteldevon (Mereeniesandstein, ca. 1600 m), vom Typ eines feinklastischen Old Reds. Das Profil vom höheren Devon bis Karbon ist stratigraphisch im einzelnen noch nicht voll belegbar.

Die Alice Springs-Orogeny (ca. 360 Mill. Jahre, vermutlich intra-Karbon) beendete die Entwicklung dieses Stockwerks von ca. 4000 bis 5000 m Mächtigkeit, wobei es zur Ausbildung der schuppenförmigen, südvergenten Überschiebungen und Decken kommt, in die auch das kristalline Fundament sowie die liegenden Teile des 1. Sedimentationszyklus (Heavitreequarzit) strukturell in Form von Klippen einbezogen werden (vgl. Abb. 11). Abscherungshorizont für die Tangentialbewegungen sind die Salinarserien der Bitter Springs-Formation („Blatherskite Nappe", „Arltunga N." und „Ormiston N".). Höheres Karbon, Perm, (?) Jura, Unterkreide und Tertiär überdecken praktisch unverformt die Südrandgebiete des Beckens (ca. 1000 m), das heute mit seinem nördlichen und zentralen Teil schwach herausgewölbt ist (McDonnel-Range).

Beckendynamisch sind somit ein jungproterozoischer und ein kaledonisch-variszischer Sedimentationszyklus unterscheidbar, die in sich jeweils nach dem Typ der Norddeutsch-Polnischen Senke von der Taphrogen- bis zur Stabilisierungsetappe prinzipiell untergliederbar sind. Die klastischen Schüttungen kamen im 1. Zyklus bevorzugt von S, im 2. Zyklus von N (Heraushebung von Blöcken des Kristallins). Dabei erfolgen die Mächtigkeits- und Faziesänderungen in der Horizontalen ausgesprochen gleichmäßig, d. h. vom Typ der Tafel- bis Miogeosynklinalsedimentation.

Strukturelle Entwicklung

Die generelle Stockwerkentwicklung des Deckgebirges des Amadeusbeckens und deren Unterteilung in Teilstockwerke wird — unter Vernachlässigung der Deformationen innerhalb des höheren Proterozoikums durch folgende strukturbildenden Vorgänge kontrolliert:

- Alice Springs-Orogeny ··· intra-Karbon (bis Oberdevon) (= variszisch)
- Perthjara-Movements ··· Ober-/Mitteldevon (= (?) bretonisch)
- Rodingan-Movements ··· (?) intra-Silur bis Silur/Ordovicium (= kaledonisch)
- Petermann-Ranges-Orogeny ··· Proterozoikum/Kambrium (= baikalisch)

Alle „Bewegungen" bzw. Tektogenesen brachten Winkeldiskordanzen und Änderungen im lithologischen Regime. Die Hauptdeformation erfolgte variszisch, verbunden mit einer typischen Salzabscherungstektonik im Niveau der Bitter Springs-Formation (höheres Proterozoikum) sowie der Bildung von Decken im Nordteil des Beckens. Prinzipiell erinnert die strukturelle Beziehung von Fundament und Beckennordrand an die tektonische Situation im Bereich der Harznordrandstörungszone in Mitteleuropa (Aufrichtungszone mit beckenwärtsgerichteten Schüben des Fundamentblocks des Harzes; disharmonischer Faltenbau des Subherzynen Beckens im Vorfeld dieser Bruch- und Überschiebungszone, bedingt durch das Zechsteinsalinar und dessen Fließmechanik).
Der Baustil des Amadeusbeckens ist, abgesehen von den unterschiedlichen Dimensionen der betrachteten Strukturgebiete, durchaus mit einer saxonischen Tektonik (Deckgebirgstektonik) vergleichbar. „Juratyp" ist die Abscherung im proterozoischen und kambrischen Salinar, „alpinotyp" jedoch die beckenwärts gerichtete Überschiebungstektonik am Nordrand des Beckens. Charakteristisch für den streichenden Sattel- und Muldenbau des Beckens ist eine typische Salinartektonik mit Salzantiklinalen, Salzkissen und vereinzelt auch einer Diapirbildung; typisch sind hierbei intensive streichende Einengungsstörungen, an denen die Sattelflanken vergent überschoben werden, ver-

Abb. 9. Schichtaufsteilungen im Bereich der Außenflanke einer juratypen Antiklinalstruktur (links) und deren Kern (rechts), mit umlaufendem Streichen (Hintergrund links)

Rhythmische Schichtenfolgen (i. w. Grob- und Feinklastite des höheren Proterozoikums im Kern der Struktur und Kambrium, Ordovizium, Silur an den Flanken), morphologisch als Schichtkammlandschaft herausmodelliert
Gebiet der Parana-Hill-Antiklinale im George Hill-Range, SW-Teil des Amadeusbeckens, ca. 250 km südwestlich Alice Springs, N. T. Himmelsrichtungen: links SW, rechts NE
Flugaufnahme (ca. 500 m Höhe) K.-B. JUBITZ

Abb. 8. Periklinales Abtauchen einer schmalen Antiklinale juratyper Deformation, morphologisch durch Reliefumkehr gekennzeichnet

Sattelflanken: Sandsteine des Ordoviziums bis zum Devon, Sattelkern: Karbonatsgesteine des Kambriums
Ostteil der Waterhouse-Antiklinale, ca. 30 km westlich Alice Springs N.T., Nordteil des Amadeus-Beckens. Himmelsrichtungen: links WNW, rechts ESE; Blick zum McDonnel-Range nach N

gleichbar mit dem Typ der Schmalsättel des Subherzyns (Quedlinburger Antiklinale, Asse, Vienenburger Antiklinale), und zwar i. d. R. inmitten von Breitmulden (vgl. Abb. 7 bis 10). Beispiel hierfür sind die Gardiner Range-Antiklinale und Waterhouse Range-Antiklinale im Südwestteil des Amadeusbeckens. Im Vergleich dazu fehlen bruchtektonische Querstrukturen des Beckens nahezu völlig. — Halokinetische Bewegungen zwischen den Hauptdeformationsvorgängen sind, gemessen an den nur geringen strukturbezogenen Mächtigkeitsänderungen, offensichtlich nur sehr schwach angedeutet.
Vom Strukturtyp her betrachtet, sind die Salzstrukturen des Amadeusbeckens auch mit den Gebieten der Lenasenke im SE der Sibirischen Tafel vergleichbar, weil auch dort der paläotektonisch bedingte, d. h. synsedimentäre Strukturanteil, relativ gering ist; Abscherungshorizont ist dort das kambrische Salinar.

Mineralische Rohstoffe

Das Becken ist Akkumulationsbereich für Erdöl-Erdgas, Phosphorite, Salzgesteine (Anhydrit, Steinsalz) und in seinen kristallinen Randbereichen auch für Kernbrennstoffe.

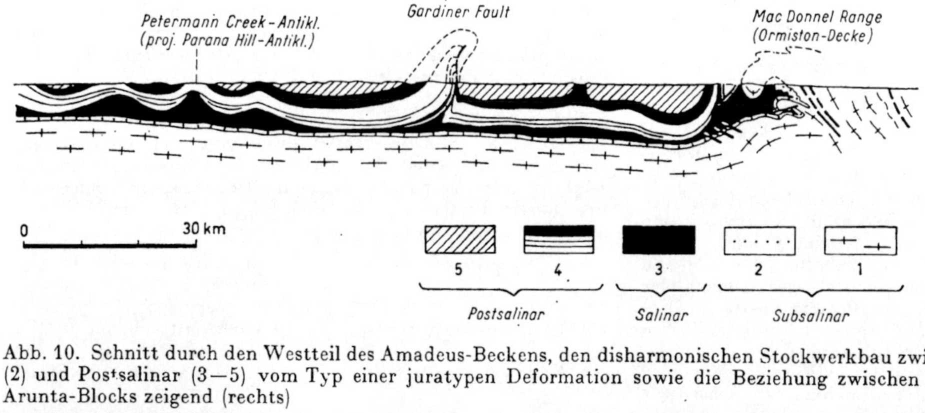

Abb. 10. Schnitt durch den Westteil des Amadeus-Beckens, den disharmonischen Stockwerkbau zwischen Subsalinar (1—2), Salinar (2) und Postsalinar (3—5) vom Typ einer juratypen Deformation sowie die Beziehung zwischen Beckenrand und Kristallin des Arunta-Blocks zeigend (rechts)

1 — Gneise des Arunta-Blocks (i.w. Mittelproterozoikum), 2 — Heavitreequarzit (Oberproterozoikum), 3 — Bitter Springs-Formation (Oberproterozoikum), 4 — Ordovizium/Kambrium/Oberproterozoikum (Larapinta Gr., Pertaoorta Gr., Pertataka F., Areyonga F.), 5 — Karbon/Devon/?Silur [Pertynjara Gr., Mereenie Sandst). Der Südteil des Profils entspricht etwa dem Ausschnitt der Abb. 9, der Nordteil der Abb. 8 (s. dort). Die Länge des Profilschnitts (ca. 150 km) ist, bezogen auf das DDR-Territorium, mit dem Schnitt Subherzyn + Altmark vergleichbar.
Nach WELLS u. a. (1970)

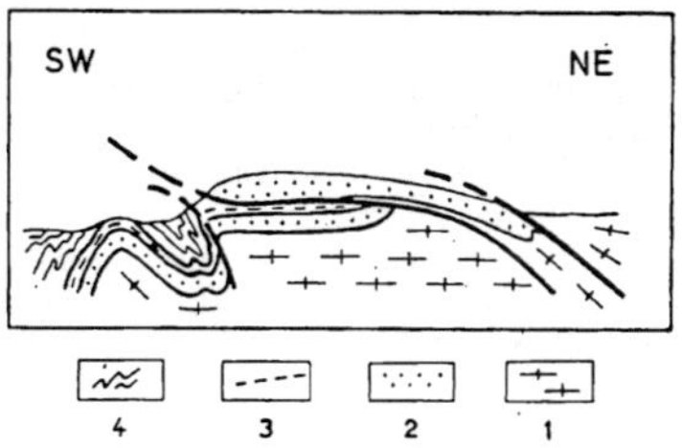

Abb. 11. Abscherungsdecke vom Typ eines „Gleitbretts" von tieferem Oberproterozoikum, südvergent bewegt über höheres Oberproterozoikum (Bitter Springs-Formation) am Nordrand des Amadeus-Beckens (links)

Überschiebungsweite des schematischen Bildausschnittes: ca. 1–2 km; Überschiebungsweite des Gesamtsystems zwischen Arunta-Block (rechts) und Amadeus-Becken (links): ca. 14 km maximal
4 – Bitter Springs-Formation (höheres Oberproterozoikum, geomechanisch hochmobil, 3 – oberer Heavitreequarzit (tiefers Oberproterozoikum, teilmobil), 2 – mittlerer und oberer Heavitreequarzit (dito), 1 – Gneise des Arunta-Komplexes (i. w. Mittelproterozoikum, starr)
Ormiston-Gorge am Südhang des McDonnel-Range, ca. 120 km westl. Alice Springs, N.T. (Zentralaustralien)

Die Kohlenwasserstoffe vom Typ der Gas- und Gaskondensatlagerstätten befinden sich in den Speichern des Pacootasandsteins (höheres Kambrium, tieferes Ordovizium), der auf Grund seiner hohen Bitumenführung im Bereich der siltigen Horizonte zugleich auch als Muttergestein angesprochen wird. Bis 1970 wurden 25 Suchbohrungen auf Antiklinalstrukturen und stratigraphische Fallen im Gebiet südlich und südwestlich Alice Springs niedergebracht. Nachgewiesen wurde die Antiklinallagerstätte „Palm Valley" (Gas) und „Mereenie" (Öl, Gas), deren produktive Folge sich auf ca. 250 bis 320 m bzw. 100 m verteilt (Porosität ∅ 14%, Permeabilität ∅ 814 Millidarcy/horizontal, ∅ 1350 Millidarcy/vertikal). Die Testleistungen von einzelnen Sonden liegt bei 100000 bis 800000 Nm³/Tag. Entsprechend dem Strukturbau schwankt die Tiefe der Förderhorizonte zwischen ca. 1500 m und ca. 2300 m Tiefe. Das Öl der Lagerstätte Mereenie hat einen geringen Gehalt an Schwefel (0,1%); die Dichte beträgt 47° API. – Infolge der ungünstigen Lage im praktisch unbesiedelten Zentralteil des Kontinents werden die Lagerstätten noch nicht abgebaut.
Die Phosphorite treten im höheren Proterozoikum (Areyongaformation) als linsenförmige Einlagerungen von 10 bis 25 cm Dicke in Transgressionskonglomeraten auf (∅ 30% P_2O_5, Matrix 1 bis 7% P_2O_5). Ein Abbau findet z. Z. nicht statt.
Die Uranvorkommen befinden sich z. Z. noch in Exploration (Aruntakomplex). Von ökonomischem Interesse sind auch die Umlagerungsprodukte auf sekundärer Lagerstätte (Sande), ähnlich den miozänen Uranmineralisationen Südostaustraliens (Lake Frome, nördlich Adelaide).
Die ausgedehnten Salinarvorkommen der Bitter Springs-Formation werden technisch nicht genutzt, bedingt durch den Mangel an Kalisalzen sowie die verkehrsungünstige Situation der Lagerstätten. Die Exploration auf Kalilagerstätten hat sich nach NW verlagert (Canningbecken, Fitzroytrog).

Ausblick

Die Untersuchungen des Amadeusbeckens durch die australischen Geologen während der beiden letzten Jahrzehnte beanspruchen in zweifacher Hinsicht besonderes Interesse:

a) Regionalgeologisch charakterisiert dieses Gebiet eine tektonische Schwächezone, die den australischen Kontinent von NW nach SE durchquert und in der es während des höheren Proterozoikums und älteren Paläozoikums zu paläotektonischen Absenkungen mit erheblicher Mobilität kam (ca. 8000 bis 10000 m Sediment). Nur der basale Teil dieser aulakogenartigen Struktur zeigt einen geringen Magmatismus. Überraschend sind für einen Kraton vom Typ Alter Tafeln die intensiven Tangentialbewegungen während des Karbons, die – den Faltungsvorgängen in dem benachbarten Tasmaniden entsprechend – bis zum Deckenbau mit Schubweiten von ca. 5 bis 10 km führen. Analoge Erscheinungen gleicher Intensität fehlen aus den Alten Tafeln der Nordhemisphäre bzw. sind nur von ihren Rändern bekannt geworden (Donbass-Nordrandfalten, Südwesttafelrand der Osteuropäischen Tafel im NE der VR Polen).

b) Methodisch bildet das Amadeusbecken einen Modellfall der Beckendynamik, indem nach einer raschen Absenkung während der ersten Bildungsetappen eine allmähliche Verringerung der Absenkungstendenzen anhand der Sedimentationsraten nachweisbar ist (Diskontinuierlichkeit der Absenkung). Der Gesamtvorgang erfolgte hier in Form von zwei Absenkungszyklen, deren tiefere Teile Salinar (Proterozoikum, Unteres Kambrium) enthalten. Typisch für die liegenden Teile der Absenkungszyklen ist die weitflächige Verbreitung und damit flächige Korrelierbarkeit der Sedimente, übrigens ganz analog den Basisfolgen im Bereich der Mitteleuropäischen Senke (Saxon/Zechstein/tiefere Trias). Mit dem Ausklingen der Absenkung stellt sich bei zunehmender Differenzierung des Beckens hier eine bevorzugt klastische Sedimentation ein.
Auch bezüglich des Baustils gibt es große Analogien zur Mitteleuropäischen Senke, insbesondere infolge des disharmonischen Stockwerkbaus (JUBITZ). Den Fließ- und Abscherungsverformungen der jungproterozoischen Bitter Springs-Formation entspricht hier eine analoge Deformation im Zechsteinsalinar. Entsprechend lassen sich auch die „saxonischen" Bautypen des postsalinaren Deckgebirges beider Gebiete bzw. die nur bruchtektonisch dislozierten Strukturen des Subsalinars (Heavitreequarzit des höheren Proterozoikums bzw. Werraserie des germanischen Zechsteins) bezüglich ihrer strukturellen Stellung vergleichen. Die jüngere bruchtektonische Einengung der Tafeldeckgebirgssenken in Mitteleuropa während des höheren Mesozoikums (Finnstörung, Thüringer Wald-Nordostrandstörung, Harznordrand, Osningüberschiebung u. a. m.) ist im Vergleich zu den variszischen Randstörungen des Amadeusbeckens jedoch weniger intensiv. Beide Deformationstypen lassen sich genetisch auf vertikale und laterale Blockbewegungen zurückführen, die offensichtlich einem übergeordneten Bauplan benachbarter Tektogene zuzuordnen sind (Alpen, Tasmaniden), d. h. einem überregionalen Krustengeschehen.

Speziell in bezug auf die Beckengenese – Beckenkinematik und -dynamik – und die hier skizzierten Vergleiche mit den mitteleuropäischen Verhältnissen im Bereich einer jungen Tafel sind die von den australischen Geologen und Geophysikern (WELLS u. a. 1970) erzielten Forschungsergebnisse von besonderer allgemeinmethodischer Bedeutung.

3. Erzlagerstätten von Westtasmanien

Regionalgeologisch-stratigraphische Übersicht (Abb. 12)

In Westtasmanien treten zwei große Gebiete mit präkambrischen Gesteinen auf:

- im östlichen Teil der sogenannte Tyennankern, bestehend aus Quarziten und Phylliten sowie
- im nordwestlichen Teil die Rocky Cape-Region, mit Tonschiefern, wenig metamorph, als Produkte einer Schelffazies.

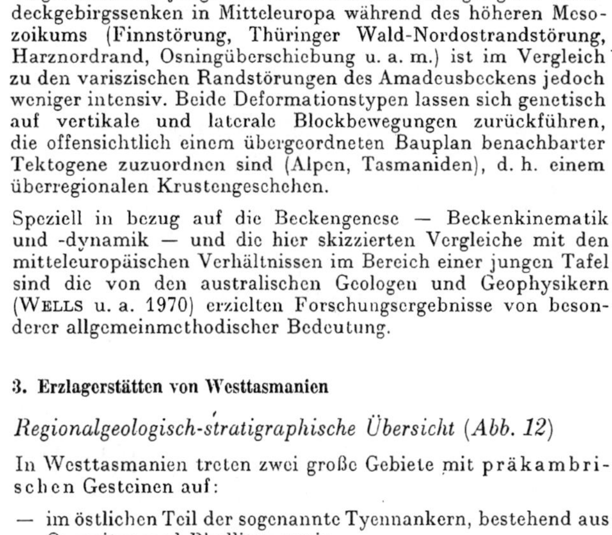

Abb. 12. Geologische Übersicht Westtasmaniens (aus Exc. Guide 31 AC, Sydney 1976)

1 – produzierende Gruben; 2 – metamorphes Präkambrium, vor allem Tyennan-Kern; 3 – nichtmetamorphes Präkambrium, vor allem Rocky Cape-Gebiet; 4 – kambrische sedimentär-magmatische Formationen und Mt. Read-Vulkanite; 5 – ordovizisch-devonische Sedimente; 6 – devonisch-karbonische Granitoide; 7 – karbonische bis holocäne Ablagerungen; a – präkambrische Orogenesen; b – tabberabberische Orogenese

Große Teile des Gebiets werden von kambrischen Gesteinen aufgebaut:

- die Success Creek-Gruppe (als älteste) mit Sandstein und Schiefer (einige 100 m mächtig),
- die Crimson Creek-Formation mit etwa 2500 m Tonstein und wenig basaltischen Einlagerungen,
- die Dundasgruppe, die aus Konglomeraten, Grauwacken und Tonsteinen besteht und mindestens 3800 m mächtig ist.

Diese Gesteine sind typische Geosynklinalablagerungen. Ein Teil der mafischen Einlagerungen der Crimson Creek-Formation führt Nickelsulfidmineralisationen (Heazlewood River-Komplex). Die Mafite gelten auch als Edukte von Osmiridiumanreicherungen in Seifen.
Von großer Bedeutung für die metallogenetische Situation sind die östlich des Dundastrogs auftretenden vulkanischen Gesteine (Mt. Read-Vulkanite). Die vulkanische Folge ist wenigstens 2000 m mächtig und enthält Laven, Brekzien, Aschen, Tuffe sowie umgelagerte vulkanische Gesteine. Die Vulkanite gehören zur Kalkalkalireihe; vornehmlich treten Dazite und Rhyolite auf. In den Vulkaniten sind eine Reihe von bedeutenden Erzlagerstätten lokalisiert (Rosebery — Zn—Pb—Cu; Mt. Forrell — Pb—Ag—Zn; Mount Lyell — Cu).
Durch den Nachweis zahlreicher Ignimbrite wird ersichtlich, daß es sich zumindest z. T. um terrestrische Ergüsse handelt. Es gibt auch Anzeichen von Ergüssen und Sedimentation im Flachmeerbereich. Jedoch müssen in bezug auf die Ablagerungsbedingungen der Erze gänzlich andere Verhältnisse angenommen werden als z. B. für den Kurokotyp.
Die Vulkanite werden durch spätkambrische Kalke, Siltsteine und felsische Tuffe überlagert. Vom frühen Ordovizium bis zum frühen Devon bildete Westtasmanien einen stabilen Schelf. Über 2000 m Kalke, Tonschiefer und Sandstein wurden abgelagert.
An der Wende Unter-/Mitteldevon erfolgte die Hauptfaltung der Tabberabberan-Orogenese. Im Verlauf dieser haben die massiven Sulfidkörper der Mt. Read-Vulkanite erhebliche Deformationen erfahren. Anschließend intrudierten zahlreiche spättektonische Granitoide, für die ein Alter von 400 bis 340 Mill. Jahren festgestellt wurde. Die meisten Granite führen als mafische Komponenten nur Biotit, in wenigen Fällen Hornblende. Kassiteritvererzungen und Verskarnungen in ihren Rahmen werden genetisch auf diese zurückgeführt. Einige Gebiete Westtasmaniens werden von permokarbonen Sedimenten, in denen örtlich jurassische Dolerite stecken, bedeckt. Tertiäre Bewegungen erzeugten Grabenstrukturen. Im Jungpleistozän traten Vereisungserscheinungen auf.

Scheelitlagerstätte von King Island

Die Lagerstätte befindet sich auf einer Tasmanien nach NW vorgelagerten kleinen Insel. Bis 1974 wurden im Tagebau über 6 Mill. t Erze mit einem Gehalt von 0,53% WO_3 gewonnen. Die jährliche Produktion beträgt gegenwärtig 310000 t mit 0,7% WO_3. Die Vorräte werden mit 7 Mill. t Roherz bei 0,8% WO_3 angegeben. Es wird mit einem geologischen Schwellengehalt von 0,3% WO_3 gerechnet. Die Förderung des Erzes erfolgt gleislos.
Die Erzlager kommen in verskarnten Gesteinen in der Nachbarschaft eines Granodiorit-Adamellits vor. Innerhalb einer Sandstein-Tonstein-Folge sind kalkige Partien selektiv metasomatisch verändert worden. Hauptmineral ist Scheelit. Dieser tritt sehr feinkörnig (0,05 bis 0,2 mm ∅) auf Korngrenzen im Andraditskarn auf. Nur geringe Mengen sind gröberkristallin. Von den zahlreichen Sulfiden hat nur noch Molybdänit ökonomische Bedeutung.
Die Temperatur der Kontaktmetamorphose wurde zu 610 bis 710 °C auf der Basis des MgO-Gehalts in koexistierenden Dolomit und Kalzit bestimmt. Früher ist von allen Bearbeitern übereinstimmend angenommen worden, daß es sich bei dieser Lagerstätte um eine echte kontaktmetasomatische Bildung handelt. In neueren Arbeiten (BURCHARD) wird die Anreicherung des Wolframs als sedimentär betrachtet, u. U. ausgehend von zeitgleich auftretenden vulkanischen Prozessen. Entsprechende Relikttexturen und die relativ hohen Ti—Ni—Cr-Gehalte der scheelitführenden klinopyroxenreichen Bänder werden als Hinweis dafür angesehen.

Zinnlagerstätten von Mt. Bischoff

Die Lagerstätte wurde 1871 entdeckt. In der Zeit von 1891 bis 1921 sind über 60000 t Sn aus Erzen mit einem Durchschnitt von 1,4% SnO_2 gewonnen worden. Gegenwärtig erfolgt keine Zinngewinnung. Durch eine US-amerikanische Gesellschaft werden Untersuchungsarbeiten durchgeführt, um die noch vorhandenen Ressourcen einschätzen zu können.
Die Kassiterit-Sulfid-Mineralisation ist genetisch an eine Serie von devonischen Quarzporphyrgängen und Sills gebunden. Die Gänge sind stellenweise außerordentlich stark metasomatisch verändert, meist silifiziert und sulfidisiert. Die Hauptvererzung tritt als Verdrängungskörper in Dolomiten und dolomitischen Schiefern auf, die in einer Wechselfolge mit Schiefern und Quarziten das Nebengestein der Quarzgänge bilden. Ein vermutlich formationell zu den Quarzporphyren gehöriger Granit (Meredithgranit) tritt etwa 3 km südwestlich vom Mt. Bischoff auf. Dieser Granit ist ein normaler Syenogranit (qz 35—39, afs 41—43, pl 14—16, bt 4—6, mu 0—2), führt allerdings ziemlich An-reiche Plagioklase (An_{33}—An_{38}). Die Akzessorienparagenese ist mit hb, ap, zc und sph normal. Es treten afs-Phenokristen bis 6 cm Durchmesser auf. Das Alter der Granite wurde nach mehreren Methoden (Rb/Sr; K/Ar) auf 350 Mill. Jahre bestimmt. Jüngere, aber zum selben Komplex gehörige Aplite führen Plagioklase mit An 6—9 sowie ziemlich viel Turmalin.
Es treten zwei Erztypen auf:

1. metasomatisch veränderte Quarzporphyrgänge mit einer ± typischen Greisenparagenese (Topas, Fluorit, Turmalin, Muskovit, Kassiterit, Pyrit, Sphalerit). Dieser Typ hatte ökonomisch vermutlich nur eine geringe Bedeutung;
2. stratiforme pyrrhotin-reiche Lager, die durch Verdrängung des Dolomits entstanden sind und Kassiterit sowie zahlreiche Sulfide führen.

Es wird angenommen, daß die Zinnvererzung genetisch mit den granitoiden Gesteinen (Quarzporphyr, Granite) in Verbindung steht. Während des Tertiärs traten starke oxydative Prozesse auf, die eine Limonitisierung und damit Kassiteritanreicherung bewirkten. Ein großes Pingengelände zeigt an, daß in der Vergangenheit intensiver Bergbau stattfand.

Magnetitlagerstätte Savage River

Das hier anstehende Eisenerz wird im Tagebau gewonnen. Von November 1967 bis März 1975 wurde aus 29,1 Mill. t Erz 14,3 Mill. t Konzentrat gewonnen. Aus den gegenwärtig nachgewiesenen Roherzreserven können 45 Mill. t Konzentrat mit 69,5% Fe, 0,78% TiO_2, 0,047% Ni, 0,62% SiO_2 und 0,47% V hergestellt werden.
Die 75 bis 260 m mächtige Erzzone enthält ziemlich massive Magnetiterze und zahlreiche mafische Vulkanite, die stellenweise stark serpentinisiert sind. Die Serie besitzt oberproterozoisches Alter. Eine Reihe von basischen Gängen durchsetzt die Erzzone. Alle Gesteine weisen eine starke Metamorphose bis zur Grünschiefer-, lokal bis zur Amphibolitfazies auf.
Die massiven Erze enthalten über 70% Magnetit mit schwankenden Sulfid- und Silikatgehalten. In bestimmten Partien nimmt der Sulfidgehalt (Pyrit sowie wenig Chalkopyrit, Bornit, Sphalerit) erheblich zu.
In den neuesten Arbeiten (SPILLER, COLEMAN) wird eine vulkanogen-exhalative Entstehung der Erze angenommen. Die Bildung der erzführenden Serie soll in einer Grabenstruktur vor sich gegangen sind. Die Lagerstätte weist starke Ähnlichkeiten mit Vorkommen des kombinierten (oxydischen und sulfidischen) Lahn-Dill-Typs auf.

Zinnlagerstätte Cleveland

Die Lagerstätte wurde 1898 entdeckt; bis 1917 sind oberflächennahe Erze abgebaut worden. Die gegenwärtige Produktionsperiode begann 1968. Jährlich werden ca. 300000 t Erz mit 0,75% SnO_2 und 0,25% Cu gewonnen. 1974 sind 1512 t Sn sowie 529 t Cu produziert worden. Das Aufbereitungsausbringen beträgt für Sn und Cu je 60%. Die Erzkörper befinden sich in einer steil einfallenden Zone in Tonschiefern. Im Hangenden und Liegenden treten kambrische Sandsteine und mafische Vulkanite auf (Abb. 13).
Die Erzlinsen haben eine Mächtigkeit bis zu 30 m; einzelne sind bis 600 m im Streichen bekannt. Es existieren vier Erzzonen; zwei davon führen bauwürdig vererzte Linsen. Folgende Minerale treten auf: Pyrit, Pyrrhotin, Arsenopyrit, Chalkopyrit, Sphalerit, Quarz, Karbonate, Turmalin, Haupterzmineral ist Kassiterit. Der durchschnittliche Zinngehalt im Erz beträgt 1%. 5 bis 10% des Zinns sind an Stannin gebunden. Die einzelnen Erzlinsen werden durch eine SiO_2-reiche Bildung (chert) ummantelt.

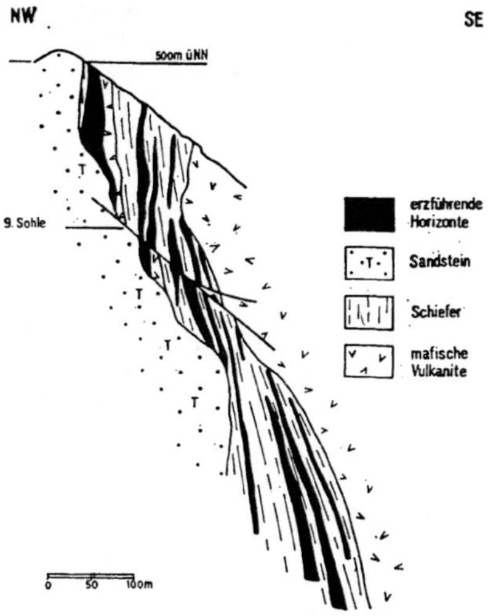

Abb. 13. Profil durch die Zinnlagerstätte Cleveland
(aus Exc. Guide 31 AC, Sydney 1976)

Über die Entstehung der stratiformen Erzlager herrscht keine einheitliche Ansicht. Bis jetzt dominieren Vorstellungen, daß es sich um epigenetische Bildungen handele, die auf postmagmatische Lösungen des Meredithgranits zurückgehen sollen. Die Erzkörper werden als Verdrängungsprodukte von kalkführenden Linsen angesehen. Neuerdings wird auch eine syngenetische Entstehung in Erwägung gezogen. Für diese Vorstellung spricht vor allem die stratiforme Lagerung. Ungewöhnlich ist dann jedoch der hohe Zinngehalt im Sulfiderz, der in äquivalenten Lagerstätten noch nicht angetroffen wurde. Für die Sulfide einerseits und den Kassiterit andererseits getrennte Bildungsprozesse anzunehmen, ist nicht wahrscheinlich.

Zink-Blei-Lagerstätte Rosebery

Seit Beginn der Produktion im Jahre 1905 wurden 7,9 Mill. t Erz mit 18,0% Zn, 5,5% Pb, 0,8% Cu, 14,9% Fe, 187 ppm Ag sowie 2,8 ppm Au gewonnen. Die jährliche Produktion beträgt gegenwärtig 450000 t Roherz. Es sind ca. 8 Mill. t Vorräte bekannt, wobei reale Aussichten bestehen, in größerer Tiefe noch weitere Erze zu erschließen.
Die Lagerstätte befindet sich mit zahlreichen vererzten Buntmetallvorkommen in einer ca. 20 km langen Zone, die Vulkaniten der kambrischen Mt. Read-Gruppe benachbart ist. Die stratiformen massiven Sulfiderzkörper verdanken ihre Entstehung mit Sicherheit vulkanischen Prozessen. Ihre syngenetische Entstehung wird nicht in Zweifel gezogen. In Rosebery werden Linsen mit einigen hundert Metern streichender Länge abgebaut; die mittlere Mächtigkeit beträgt etwa 6 m. Im Hangenden und Liegenden treten Pyroklastite auf. Das direkte Nebengestein bilden Serizit-Quarz-Schiefer.
Das Erz besteht aus feinkörnigen, feingebänderten massiven Sulfiden. Vom Liegenden zum Hangenden tritt eine ausgezeichnete zonale Abfolge auf, und zwar

Hangendes:	Gebänderte massive Baryt-Sphalerit-(Galenit)-Erze;
	tuffogene Sedimente;
	massive Sphalerit-Galenit-(Pyrit-)Erze;
	gebänderte massive Pyrit-Sphalerit-Erze;
	gebänderte massive Pyrit-Chalkopyrit-Erze;
Liegendes:	eingesprengte Pyrit-Vererzung.

Die Gesetzmäßigkeiten der Erzverteilung ähneln sehr dem gleichfalls gut untersuchten Typ Rammelsberg. Da die Vererzungsfolge vollkommen jener in epigenetischen Ganglagerstätten polymetallischer Formationen entspricht, wird angezeigt, daß bei den Erzausscheidungen aus Lösungen magmatischen Ursprungs offensichtlich weltweit generelle Gesetzmäßigkeiten auftreten.

Zinnlagerstätte Renison

Obwohl schon 1890 entdeckt, begann eine intensivere Produktion erst 1962. Bis 1975 wurden ca. 28000 t Zinn gewonnen. Die jährliche Produktion beträgt gegenwärtig 4000 t Sn. Damit zählt Renison zu den größten Zinnbetrieben der Erde mit bergmännischer Produktion. Der durchschnittliche Zinngehalt des Erzes liegt bei 1,5%, die jährliche Produktion bei 640000 t. Die technischen Möglichkeiten der Produktion sind noch nicht ausgeschöpft. Die Erzkörper liegen in einer dolomitführenden Serie oberhalb der kambrischen Success Creek-Gruppe. Im Hangenden befinden sich Tonschiefer, Tuffe und Grauwacken der Crimson Creek-Formation.
Die Vererzung tritt in drei Typen auf:

(1) metasomatische Verdrängung karbonatischer Lagen;

(2) Gangfüllungen in Störungszonen mit begrenzter Verdrängung des Nebengesteins;

(3) eingesprengte und Trümervererzung im rekristallisierten Quarzit.

Die ersten beiden Erztypen haben die größte Bedeutung. Die Verdrängungskörper bestehen zu 70 bis 90% aus Sulfiden mit eingesprengtem Quarz, Kassiterit und Fluorit. Verbreitetes Sulfid ist Pyrrhotin; es folgen Pyrit (meist durch Umwandlung aus Pyrrhotin entstanden), Arsenopyrit, weniger Chalkopyrit, Stannin, Sphalerit und Galenit.
Nahezu das gesamte Zinn ist im Kassiterit, der eine durchschnittliche Korngröße von 70 µm aufweist, konzentriert. Alle Boebachtungen deuten daraufhin, daß das Sulfid-Kassiteriterz durch Verdrängung des Dolomits bei Einwirkung der auf Bruchstörungen zirkulierenden Lösungen entstanden ist. Bei den Erztypen (2) und (3) handelt es sich offensichtlich um Umlagerungen. Die erzbildenden Lösungen werden auf Restlösungen eines in der Nähe gelegenen Granits (vom Pine Hill) zurückgeführt, der auch in der Tiefe durch eine Bohrung bei ca. 1000 m nachgewiesen ist.
Gegenwärtig sind die kassiteritführenden Erze bis 400 m Teufe bergmännisch erschlossen. Es wird erwartet, daß die Vererzung bis 1000 m anhält. Die gegenwärtig nachgewiesenen Reserven betragen 16 Mill. t. Dies bedeutet eine Lebensdauer von ca. 30 Jahren. Das Konzentrat wird in Sydney verhüttet und über den Tin Council verkauft.

Kupferlagerstätte Mount Lyell

Die Lagerstätte befindet sich nahe Queenstown. Sie wurde durch den goldführenden Eisernen Hut 1883 entdeckt. Die Grube ist seit 1896 ununterbrochen in Betrieb. Bis jetzt wurden nahezu 82 Mill. t Erz mit 1,15% Cu, 8 ppm Ag und 0,4 ppm Au gewonnen. Die gegenwärtige Produktion beträgt 2,3 Mill. t pro Jahr bei einem durchschnittlichen Gehalt von 1,24% Cu.
Das Erzfeld befindet sich inmitten der kambrischen Mount Read-Vulkanite, die hier aus

— einem zentralen Gürtel mit sauren Laven (hauptsächlich Quarzkeratophyre);

— lateral auftretenden Äquivalenten mit Pyroklastiten sowie

— Tuffen der Tyndallgruppe

bestehen.
Die Vulkanite bilden ein Antiklinorium, welches N—S streicht (West Coast Range-Antiklinorium). Die Vulkanite des Grubengebiets sind stark umgewandelt; sie bestehen aus Quarz, Serizit, Chlorit sowie Karbonaten (Siderit, Kalzit), Magnetit, Hämatit, Pyrophyllit, untergeordnet akzessorischen Apatit, Fluorit, Zirkon. Die Umwandlungsprodukte reichen von intensiver Silifizierung bis zu reinen Quarz-Serizit- und Quarz-Serizit-Chlorit-Assoziationen, gewöhnlich mit Karbonaten. Reliktische Quarz- und Albitphänokristen treten in den nicht so intensiv veränderten Zonen auf.
Die verbreitetsten Sulfide sind Pyrit, Chalkopyrit und Bornit. Untergeordnet kommen zahlreiche Kupferzementationsminerale vor.
Die Erze sind in einer Reihe von linsenförmigen Körpern lokalisiert, wovon der bedeutendste (Prinz Lyell) mit 400 m streichender, fast 700 m fallender Erstreckung und einer Mächtigkeit zwischen 50 und 180 m eine außerordentlich große Ausdehnung aufweist. Die Erzkörper liegen etwa „konkordant" in den vulkanischen Serien; allerdings geht die Mineralisation, vor allem wegen späteren Umbildungen auch in vielen Fällen über lithologische Grenzen hinaus. Die Erzminerale treten in Erzkörpern in unterschiedlichen Formen auf: meist eingesprengt, häufig derb, in manchen Fällen gebändert. Chalkopyrit ist fast stets in kleinen Trümern zu finden.
Einige Erzkörper führen reichlich Bornit. Dort erreicht Kupfer durchschnittliche Gehalte von 5,5%. Andere Linsen führen derben Pyrit mit Gehalten um 85%. Es treten auch hämatit-baryt-führende Erzkörper auf.

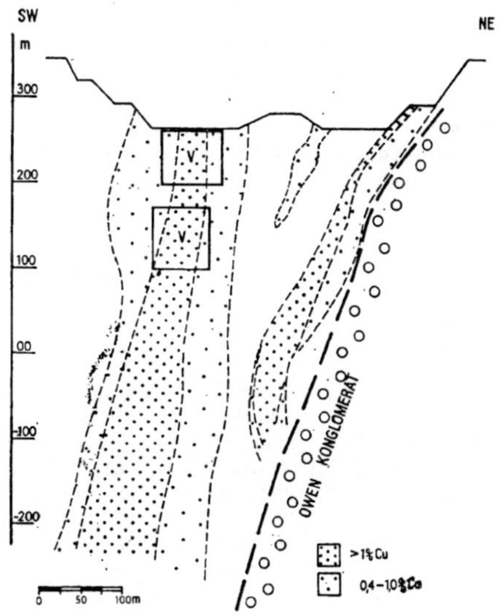

Abb. 14. Profil durch den Prinz Lyell-Erzkörper der Kupferlagerstätte Mt. Lyell
(aus Exc. Guide 31 AC, Sydney 1976)

Der Prince Lyell-Erzkörper, der über eine Teufe von nahezu 700 m durch Bohrungen nachgewiesen ist, besitzt bei einer im Prinzip linsenartigen Form einen zonalen Aufbau. Die zentrale Zone mit einer Mächtigkeit zwischen 50 bis 75 m führt Cu-Gehalte zwischen 1,0 bis 1,7%, die Randzonen (auf beiden Seiten etwa je 30—50 m) solche zwischen 0,4 bis 1% (Abb. 14.)
Die Vererzung wird genetisch dem Mt. Read-Vulkanismus zugeordnet. Es wird angenommen, daß die Erze teils exhalativ gebildet wurden, teils durch Hydrothermen. Das mittel- bis spätkambrische Alter sowohl des Vulkanismus als auch der Vererzung wird als sicher angenommen.

Schlußfolgerungen

In Westtasmanien existieren Lagerstätten, die unterschiedlichen genetischen Typen zugeordnet sind:

1. Epigenetische sulfidführende Zinnlagerstätten, vermutlich gebunden an Granitoide (Mt. Bischoff, Renison).
2. Epigenetische kupferführende, massive Sulfidlagerstätten, die genetisch an Vulkanite gebunden sind (Mt. Lyell).
3. Stratiforme Lagerstätten, vermutlich genetisch mit basischem Geosynklinalvulkanismus verbunden:

a) Magnetit (Savage River),

b) Eisensulfide mit Zinn (Cleveland),

c) Buntmetallsulfide ohne Zinn (Rosebery).

4. Stratiforme W-Lagerstätten, die in der Kontaktaureole von Granodioriten auftreten (King Island).

Einige der Lagerstätten haben Äquivalente im europäischen Raum, so Savage River — oxydische Eisenerze vom Lahn-Dill-Typ, Rosebery — sulfidische Erze vom Lahn-Dill-Typ; andere sind nur mit erheblichen Schwierigkeiten einem bestimmten metallogenetischen Typ, der in Europa auftritt, zuzuordnen.
Offensichtlich zeigt sich, daß ein großer Teil der früher als epigenetisch-metasomatisch eingestuften Lagerstätten ihre Entstehung in Wirklichkeit syngenetischen, vermutlich exhalativ-sedimentären Prozessen zu verdanken haben. D. h., die Bedeutung der stratiformen Erzanreicherung nimmt mehr und mehr zu. Diese Erkenntnis resultiert nicht nur aus Beobachtungen und Diskussionen im Verlauf der Exkursion selbst, sondern auch aus dem im Verlauf des Kongresses behandelten Schwerpunkten. Es scheint, daß auch ein Teil der stratiformen sulfid-kassiteritführenden Lagerstätten in Tasmanien ihren Zinninhalt syngenetischen Prozessen verdankt, wenngleich auch einige Autoren, relativ unmotiviert, nach wie vor die Zinnführung aus Graniten der weiteren Nachbarschaft ableiten. Unter diesem Aspekt ist den stratiformen Erzanreicherungen des Grundgebirges der DDR prinzipiell und insbesondere in bezug auf ihren Zinninhalt weiterhin gebührende Aufmerksamkeit zu schenken.
Die technologischen Ausrüstungen der Gruben besitzen durchweg ein hohes Niveau. In einigen Betrieben wird gleislos gefördert. Der Erztransport erfolgt von untertage über spiralförmig angelegte Streckensysteme auf Tracks von vor Ort bis zur Aufbereitung. Die wenig effektive Förderung in Hunten mit Zugbetrieb und über Schächte wird bewußt vermieden und dadurch die diesem System innewohnende Störanfälligkeit ausgeschaltet.

C. Schlußbemerkungen

Der Kongreß war inhaltlich und organisatorisch von den Veranstaltern gut vorbereitet worden. Sowohl die Fachexkursionen als auch die Sektionen und Symposien besaßen ein hohes fachliches Niveau. Von besonderer Bedeutung für den Besuch der Vortragsveranstaltungen war, daß die Vortragsräume in der Universität Sydney nahe beieinander lagen und ohne zeitlichen Verzug ein Wechsel von Sektion zu Sektion vorgenommen werden konnte.
Leider werden die im Verlauf des XXV. IGC gehaltenen Vorträge nicht zusammengefaßt publiziert. Eine eventuelle Veröffentlichung obliegt den einzelnen internationalen Assoziationen und hängt u. a. mit davon ab, ob diese über entsprechende Zeitschriften verfügen bzw. Einfluß auf diese haben. Auf alle Fälle wird es im Gegensatz zu den vergangenen Kongressen keine geschlossene mehrbändige IGC-1976-Veröffentlichung geben. Die Gastgeber verwiesen auf die hohen Druckkosten. Es ist außerordentlich bedauerlich, daß für den Geologen heute und auch in ferner Zukunft nicht ohne größeren Aufwand ablesbar sein wird, wie der Stand der Kenntnisse international auf den einzelnen geowissenschaftlichen Disziplinen 1976 ausgesehen hatte.
Zusammenfassend ist feszustellen, daß sich international der Trend zunehmender interdisziplinärer Forschung und zunehmender großregionaler Interpretation weiterhin verstärkt hat. Entsprechend erweitert sich auch ständig die Wechselwirkung der internationalen wissenschaftlichen Organisationen [IUGS, IUGG, IAVCEI, IC 6] untereinander. Dies bedeutet natürlich nicht, daß nicht weiterhin Grundlagen- und angewandte Forschung auf speziellen Gebieten oder in lokalen Bereichen erfolgen. Im Gegenteil: Intensivere Durchdringung konkreter Erscheinungen und fundiertere Verallgemeinerungen nach thematischen und regionalen Aspekten gehen konform. Bei der Organisierung von Forschungsthemen sollte diese Erkenntnis, die letztlich nach einer Steigerung der Effektivität zielt, bewußt angewandt werden. In die Tat umgesetzt heißt dies: weitere Verstärkung und Verbesserung der Kooperation zwischen den bezüglich ihrer Aufgaben unterschiedlichen geowissenschaftlichen Betrieben im nationalen Rahmen sowie weitere Verstärkung und Verbesserung der Kooperation zwischen gleichartigen geowissenschaftlichen Betrieben im internationalen Rahmen. Aus den äquivalenten geologisch-ökonomischen Aufgaben und Zielen innerhalb der sozialistischen Staatengemeinschaft resultieren daher die Notwendigkeit und das Bedürfnis für eine weitere Intensivierung der Kooperation mit den sozialistischen Staaten.
Vom XXV. IGC gingen und gehen wieder wesentliche Impulse in bezug auf die weitere Entwicklung der theoretischen Grundlagen der Geologischen Wissenschaften als Basis und Vorlauf für die Lagerstättensuche aus. Die Entwicklungsländer beteiligen sich mehr und mehr an den internationalen Programmen. Es wird durch Korrelierung und Standardisierung zunehmend versucht, geologische Ergebnisse allseitiger nutzbar zu machen. Die australischen Gastgeber haben bei der Organisierung des Kongresses sowie bei der sehr erfolgreichen Präsentation der geologischen und metallogenetischen Verhältnisse ihres Landes viel Mühe aufgewendet. Ihnen gebührt dafür unser bester Dank!

Literaturhinweise (Auswahl)

Es werden hier nur die wichtigsten Materialien des XXV. IGC (einschließlich der Publikationen, die dem Kongreß gewidmet wurden) sowie einige Sekundärinformationen, die über den XXV. Kongreß berichten, zusammengefaßt.

ABELSON, PH. H.: XXV International Geological Congress in Sydney. Status enhanced by global tectonics. — Geotimes, 21, 11, 16—19, Fall Church, VA 1976, Washington 1976.

CAMPBELL, K. S. W. (Edit.): Gondwana Geology. Papers presented at the Third Gondwana Symposium, Canberra, Australia, 1973. Austral. Nation. Univ. Press. 705 S., Canberra 1875.

COCHRAN, W.: XXVth International Geological Congress in Sydney. A random sample. — Geotimes, 21, 11, 20—22, Falls Church, VA 1976, Washington 1976.

Coleman, J. P.; Packham, G. H.: The Melanesian Borderlands and India-Pacific Plates' Boundary. – Earth – Sci. Rev., 12, 197–233, Amsterdam 1976.
Delany, F.: Commission for the Geological Map of the World (C.G.M.W.), Meetings 1976, XXV, I.G.C., Syndey. – C.M.G.W. – Bull., 20, 31–162, Paris 1977.
Glaessner, M. F.: The Geosciences in Australia. – Earth-Sci. Rev., Special Issue. 12, 2/3, 346 S., Amsterdam 1976.
van der Heide, S.: International Geological Congress (25th Session, Sydney, Australia, 16–25th August 1976). – Geol. Newsletter, 1979, 3, 229–236, Haarlem (Netherlands) 1976.
Jubitz, K.-B. (Edit.): Materialien zum tektonischen Bau von Europa, M. 1: 6 Mill. – Veröff. Zentral.-Inst. Phys. Erde Akad. Wiss. DDR, 47, Berlin 1976.
– 25. Internationaler Geologischer Kongreß (IGC). – Spektrum, 8, 1, Akademie-Verlag, Berlin 1977.
Krüger, P.: Der Beitrag der deutschen Wissenschaftler zur geographisch-geologischen Erschließung des Pazifikraumes in der ersten Hälfte des 19. Jahrhundert. – Z. Geol. Wiss., 7, 7, 1097–1107, Berlin 1976.
Krylov, I. N.: Na geologiceskom Kongresse v Australii. – Priroda, 1977, 6, 58–67, Moskau 1977 (russ.).
Lauterbach, R. (Edit.): XXV. Internationaler Geologischer Kongreß – Sydney 1976. – Z. geol. Wiss., 7, 7, 949–1107, Berlin 1976.
McKelvey, V. E.; Hoover, L.: XXVth International Geological Congress in Sydney. A thousand papers, dozens of field trips. – Geotimes, 21, 11, 23–25, Falls Church VA 1976.
McKelvey, V. E.; Hoover, L.: XXVth Internationl Geological Congress in Sydney. International Union interchanges Chinas. – Geotimes, 21, 11, 25 to 27, Falls Church VA 1976.
Noakes, L. C. (Edit.): BMR Journal of Australian Geology and Geophysics. – 1, 1, 1–81, Austral. Governement Publ. Serv., Canberra A.C.T. 1976.
Palfreyman, W. D.; D Addario, G. W.; Swoboda, R. A.; Bultitude, J. M.; Lamberts, I. T. (Edit.): Geology of Australia, 1:2.5 Mill. – Canberra A.C.T. 1976.
Rutland, R. W. R.: Orogenic evolution of Australia. – Earth-Sci. Rev., 12, 161–196, Amsterdam 1976.
Swoboda, R. A.: Tectonic Map of Australia and New Guinea, 1:5 Mill. – Geol. Soc. Austral., Canberra 1971.
Veevers, J. J.; McElhinny, M. W.: The Separation of Australia from other Continents. – Earth-Sci. Rev., 12, 139–159, Amsterdam 1976.
Wells, A. T.; Forman, D. J.; Ranford, L. C.; Cook, P. J.: Geology of the Amadeus Basin, Central Australia. – Bull. Bureau Mineral Resources, Geology and Geophysics. 100, 222 S., Canberra A.C.T. 1970.
Wells, A. T. (Edit.): 25th International Geological Congress – Excursion Guide No. 48A. Geology of the late Proterozoic-Palaeozoic Amadeus Basin. – Bureau of Mineral Resources. 48 S., 17 Anlagen, Canberra A.C.T. 1976.
Anonymus: Scientific maps and atlases. Catalogue 1976. – UNESCO Press, 44 S., Paris 1976.
Autorenkollektiv: 25th International Geological Congress. Abstracts (Vol. 1: Precambrian Geology, Petrology, Tectonics and Structural Geology, Mineral Deposits, Fossil Fuels, Recent Advances in Biostratigraphy etc., Palaeontology; S. 1–334, Vol. 2: Marine Geology, Geophysics, Geochemistry, Hydrology, Quarternary Geology, Engineering Geology, Mineralogy, Planetology, Geological Information and Mathematical Geology, Geological Education, Additional Papers; S. 335–662. Vol. 3: Symposien 102.1 bis 117.2; S. 663–936). – Union Offset Com. Pty. Lmtd., 936 S., Canberra A.C.T. 1976.
– Gravity Map of Australia, 1:5 Mill. – Zusammengestellt und gedruckt im Bereich Geophysik.

Der europäische Norden der UdSSR – eine neue und bedeutende Erdöl-Erdgasprovinz

Wassermann, B. J.; Sabrodozki, N. T.; Tschurilow, L. D.; Scheremeta, O. O.; Leschtschenko, W. E., UdSSR

Der Nordosten des europäischen Teils der UdSSR, der das Petschorabecken im Bereich der ASSR der Komi und im Nationalkreis der Nenzen des Archangelsker Verwaltungsbezirks umfaßt, wurde unter der Bezeichnung Timan-Petschora-Erdöl-Erdgas-Provinz bekannt. Natürliche Grenzen sind die Erhebungen des Timan im SW und die Ausläufer des Nord- und Polarurals sowie das Gebiet des Pai-Choj im NE und E.

Ihrem tektonischen Unterbau entsprechend, liegt die Provinz teils auf dem nordöstlichen Teil der Russischen Tafel, teils im Bereich der nördlichen Vorural-Pai-Choj-Senke (Abb. 1). Das Fundament der Provinz besteht im Gegensatz zu dem aus Graniten und Gneisen aufgebauten, archaisch bis karelisch konsolidiertem Fundament der weiter südwestlich gelegenen Gebiete der Russischen Tafel aus einer riphäischen bis wendischen Folge stark dislozierter und metamorpher Schiefer, die an vielen Stellen von sauren und basischen Intrusionen durchsetzt sind.

Das jüngere Alter des Fundaments im Vergleich zu anderen Teilen der Russischen Tafel bedingte eine erhöhte Mobilität des Territoriums während des gesamten Paläozoikums ebenso wie während des Meso- und Känozoikums und führte zur Bildung von Wällen und kuppelförmigen Aufwölbungen, die in der horizontalen wie vertikalen Erstreckung riesenhafte Ausmaße besitzen und mit weitgespannten Senken abwechseln.

Das Überwiegen einer langzeitigen und kontinuierlichen Senkungstendenz der Provinz führte zur verhältnismäßig vollständigen Ablagerung der gesamten paläozoischen, mesozoischen und känozoischen Schichtenfolgen, die vorwiegend aus klastischen und karbonatischen Sedimenten bestehen. Ihre Gesamtmächtigkeit erreichen sie im Bereich der Russischen Tafel östlich der Timanerhebungen 3000 bis 6000 m und in den tiefer abgesenkten Teilen der Vorural-Pai-Choj-Senke 10000 bis 15000 m. Der größte Teil der Sedimente vom Silurs bis zum Unterperm wurde unter marinen Bedingungen mit reduzierendem Milieu abgelagert. Dieser Umstand wirkte sich begünstigend auf die Erdöl- und Erdgasbildung aus. Bei der Umwandlung der in den mächtigen marinen Sedimenten enthaltenen organischen Substanzen wurde eine gewaltige Menge an Kohlenwasserstoffen gebildet, aus der sich die große Perspektivität der Timan-Petschora-Provinz ableitet.

Die Epoche der kontinuierlichen Absenkung wurde periodisch durch den kurzzeitigen Aufstieg einzelner großer Blöcke des Fundaments unterbrochen. Hiermit sind lokale Erosionen, Winkeldiskordanzen und stratigraphische Lücken verbunden. Davon ausgehend, lassen sich im Profil verschiedene tektonische Stockwerke aushalten, die sich hinsichtlich ihrer Strukturpläne beträchtlich unterscheiden.

Die Herausbildung großer Areale mit Erdöl-Erdgas-Akkumulationen sowie die Bildung großer und vielschichtiger Kohlenwasserstofflagerstätten wurden durch die große Mächtigkeit der Ablagerungen, durch das Auftreten von terrigenen und karbonatischen Speichern im Wechsel mit regional verfolgbaren sowie lokal auftretenden impermeablen sulfatisch-tonigen und tonig-karbonatischen Gesteinspaketen und -schichten, aber auch durch das Vorhandensein von Wällen und Aufwölbungen mit großen Amplituden begünstigt, die sich über hunderte von Kilometern verfolgen lassen.

Sowohl die Rekonstruktion der geologischen Entwicklung des Gebiets als auch die Suche von Erdöl- und Erdgaslagerstätten wird durch das Auftreten von Diskordanzflächen und beträchtlichen Mächtigkeitsschwankungen, Störungen mit großen Amplituden und Überschiebungen besonders im Übergang zum Westabhang des Urals, die relativ großen Teufen der produktiven Schichten sowie die Vielfalt und den komplizierten Charakter der Speicher erschwert (Krems u. a. 1974).

Die Erdölerkundung

auf dem Territorium der Provinz wurde in den siebziger Jahren des vorigen Jahrhunderts begonnen und in begrenztem Umfang kontinuierlich fortgesetzt. Systematische und zielstrebige Untersuchungen begannen jedoch erst unter der Sowjetmacht.

Während der ersten Untersuchungsetappe (1929 bis 1958) wurden einige Erdöl- und Erdgaslagerstätten von geringerer Bedeutung im Vorland des Nordostabhangs des Timans (Tschibju, Sed-Ijol, Woi-Wosh, Nibel, Nishnaja Omra u. a.) erkundet. Dazu gehört auch die große Schwerölagerstätte von Jarega, auf deren Basis die Erdöl-Erdgas-Industrie der ASSR der Komi entsteht. Jedoch schränkten die geringen Ausmaße und der komplizierte Aufschluß dieser Lagerstätte lange Zeit die Möglichkeiten einer Weiterentwicklung der Erdöl-Erdgas-Industrie ein. So wurden 1959 nur insgesamt $0{,}76 \cdot 10^6$ t Erdöl und $1{,}06 \cdot 10^9$ m^3 Erdgas gefördert. Das waren 0,5 bzw. 3% der Gesamtförderung von Erdöl und Erdgas in der UdSSR (Abb. 2).

Aus: Geol. Nefti i Gasa, 20, 18–24, Moskau 1976.
Übers.: L. Frohse, Berlin.

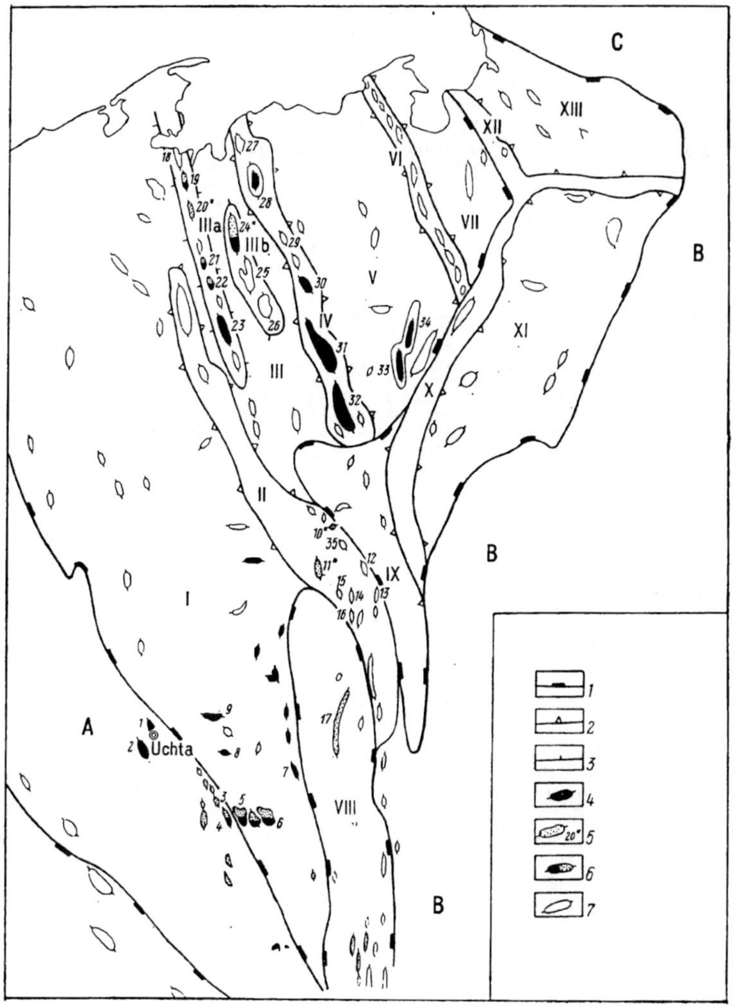

Abb. 1. Übersichtskarte der Timan-Petschora-Provinz

Grenzen von: 1 — Großeinheiten; 2 — tektonischen Elementen 1. Ordnung; 3 — tektonischen Elementen 2. Ordnung, Lagerstätten; 4 — Erdöllagerstätten; 5 — Erdgaslagerstätten (das Vorhandensein von Kondensat wird durch * angezeigt); 6 — Erdöl-Erdgaslagerstätten; 7 — nachgewiesene lokale Hochlagen.

Tektonische Elemente: A — Antiklise des Timan; B — Uralantiklinorium; C — Pai-Choj-Antiklinorium; I — Ishma-Petschora-Becken; II — Petschora-Koshwa-Megawall; III — Denissowkabecken; IIIa — Wall von Schapkina-Jurjacha; IIIb — Lajawall; IV — Kolwamegawall; V — Chorejwerbecken; VI — Sorokinwall; VII — Morejusenke; VIII — Oberes Petschorabecken; IX — Bolschesynjabecken; X — Grjada Tschernyschewa; XI — Kosju-Rogawaja-Becken; XII — Grjada Tschernowa, XIII — Korotsichabecken

Lagerstätten und lokale Hochlagen: 1 — Tschibju; 2 — Jarega; 3 — Sed-Ijol; 4 — Woi-Wosh; 5 — Nibel; 6 — Nishnjaja Omra; 7 — Paschna; 8 — Dsher; 9 — West-Tebuk; 10 — Petschora-Koshwa; 11 — Kyrtajol; 12 — Aranez; 13 — Perebor; 14 — Chudojol; 15 — Jugid; 16 — West-Sopljas; 17 — Wutkyl; 18 — Kumsha; 19 — Wasilkow; 20 — Wanjewis; 21 — Schapkina; 22 — Süd-Schapkina; 23 — Werchnie Grubeschor; 24 — Lajawosh; 25 — Komandirschor; 26 — Mischwan; 27 — Chyltschuju; 28 — Jareju; 29 — Nord-Charjagin; 30 — Charjagin; 31 — Wosej; 32 — Ussa; 33 — Mittel-Makaricha; 34 — Saljuka; 35 — Petschorogorodsk

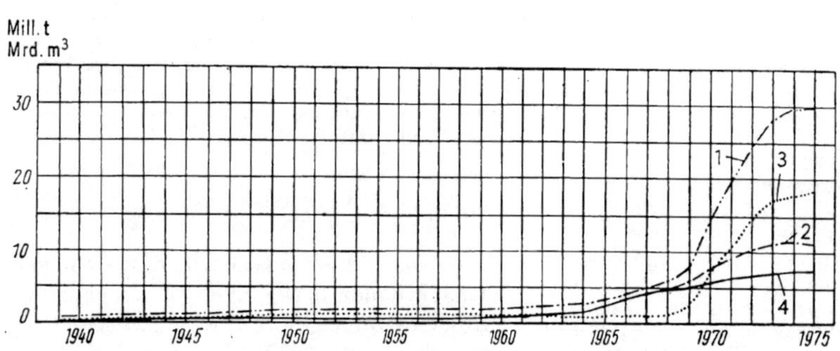

Abb. 2. Die Entwicklung der Förderung von Erdöl, Kondensat und Erdgas in der ASSR der Komi

1 — Erdöl, Kondensat und Erdgas zusammen; 2 — Erdöl und Kondensat; 3 — Erdgas; 4 — Erdöl

Im Verlauf der zweiten Etappe (1959—1972) wurden auf der Grundlage umfassender geophysikalischer Arbeiten sowie von Stütz-, Parameter- und Suchbohrungen eine Reihe von Erdöl- und Gaskondensatlagerstätten gefunden und in Förderung genommen. Sie erlaubten die Einschätzung der Provinz als eine der hochperspektiven des gesamten Landes für die Errichtung einer Erdöl-Erdgas-Industrie (KREMS u. a. 1973). Im Jahre 1959 wurde im Zentralteil des Ishma-Petschora-Beckens, 70 km östlich von Uchta, die hochproduktive Erdöllagerstätte West-Tebuk aufgeschlossen, deren schnelle Erkundung und Inproduktionsnahme (1962) eine Erhöhung der Erdölförderung in der ASSR der Komi um das Dreifache gegenüber 1959 innerhalb eines kurzen Zeitraums ermöglichte. Mit dem Aufschluß von West-Tebuk und in den Folgejahren der Lagerstätten Dsher, Paschna und weiteren wurde die skeptische Einstellung zur Erdöl-Erdgas-Höffigkeit des europäischen Nordsostens, überwunden. Die Analyse der geologischen Daten ermöglichte kurzfristig eine bedeutend höhere Einschätzung der prognostischen Erdöl- und Erdgasvorräte der gesamten Timan-Petschora-Provinz. Eine besonders große Bedeutung hatte der Aufschluß der sehr großen Gaskondensatlagerstätte Wuktyl und der Erdöllagerstätte Ussa. Die 1966 erzielten vorläufigen geologischen Ergebnisse über die großen Ausmaße der Lagerstätte Wuktyl erlaubten es, ihren beschleunigten Aufschluß und den Bau der Hauptgasleitung Wuktyl-Uchta-Toshok mit einem Durchmesser von 1220 mm vor Bestätigung der

Vorräte durch die Staatliche Vorratskommission (StVK) der UdSSR zu beginnen. Im Jahre 1969 wurde das Erdgas von Wuktyl an das metallurgische Kombinat Tscherepowezk, danach auch an Betriebe in Moskau, Leningrad, Riga, Minsk sowie in andere Städte und Industriezentren geliefert. Anfang 1976 lieferte die Lagerstätte Wuktyl mehr als $85 \cdot 10^9$ m³ Gas und $22 \cdot 10^6$ t Kondensat, das zum überwiegenden Teil in den Zentralteil der UdSSR abgegeben wurde.

In den Jahren 1967 bis 1969 erhielt man Angaben über die riesigen Ausmaße und hohen Förderraten der Erdöllagerstätte Ussa, auf deren Basis die StVK gemeinsam mit den Ministerien für Geologie und der Erdölindustrie in der Lage war, den Bau der Erdölleitung Ussa-Uchta-Jaroslawl vor Beendigung der Erkundung und der Bestätigung der Lagerstättenvorräte zu beschließen. Die Weiterführung der Erkundung der Lagerstätte Ussa lief konform mit ihrem Abbau und dem Abteufen von Produktionsbohrungen. Im Dezember 1972 wurden die Lagerstättenvorräte von der StVK bestätigt. Im August 1973 floß erstmals das Erdöl durch die Leitung Ussa-Uchta nach Uchta und von dort in die Zentralgebiete des Landes.
Mit dem Ende der Erkundung und der Bestätigung der Lagerstättenvorräte von Wuktyl und Ussa war die zweite Etappe der Such- und Erkundungsarbeiten auf Erdöl- und Erdgas in der Timan-Petschora-Provinz abgeschlossen. In dieser Periode stellte sich endgültig heraus, daß in diesem Gebiet nicht nur kleinere und mittlere, sondern auch sehr große Lagerstätten erschlossen werden können (KREMS & WASSERMANN 1974).

Die hohe Perspektivität der Timan-Petschora-Provinz und besonders ihrer nördlichen Gebiete, in welchem Erdöl-, Gaskondensat- und Erdgas-Erdöllagerstätten nachgewiesen wurden, die verhältnismäßig geringe Entfernung zu den Hauptindustriezentren des Landes, aber auch die Ergebnisse der geologischen Erkundungsarbeiten der letzten Jahre waren die Grundlage für die Verstärkung der Erkundungsarbeiten und der Entwicklung einer Erdöl- und Erdgas-Industrie in den nördlichen Gebieten der ASSR der Komi und dem Nationalen Kreis der Nenzen des Archangelsker Verwaltungsbezirks.
Etwa ab 1974/75 begann die dritte Untersuchungsetappe der Timan-Petschora-Provinz, in der eine breite Anwendung der fortschrittlichsten Methoden der Suche und Erkundung, die weitere Erhöhung der Effektivität der geologischen Untersuchungen, eine Beschleunigung der Erschließung von entdeckten Lagerstätten und ein starkes Wachstum des Umfangs der Erdöl- und Erdgas-Förderung vorgesehen sind. Eine Analyse des vorhandenen geologischen und geophysikalischen Materials zeigt, daß zu den Hauptgebieten, in denen sowohl ein geplanter Zuwachs an Erdöl- und Ergasvorräten als auch eine Erhöhung der Förderung möglich sind, in erster Linie der Kolwawall, der Lajawall und der Wall von Petschora-Koshwa gehören. Hier entdeckte man bereits eine Reihe von Lagerstätten.

So kam im Jahre 1972 die Erkundung des Kolwawalls zum Abschluß und 1973 begann der Abbau der großen Erdöllagerstätte Ussa. In ihrer Nähe wurde mit dem Bau eines Industriekomplexes und der Erdölarbeiterstadt Ussa begonnen. Beide werden die Basis für die Erschließung aller Erdöllagerstätten in diesem Gebiet sein. Unmittelbar nordwestlich der Lagerstätte Ussa konnte die große Hochlage von Wosej mit einer Amplitude von mehr als 500 m nachgewiesen werden. Im Profil der Hochlage führen sowohl die mittel- und oberdevonischen Ablagerungen als auch die des Karbons und Perms Erdöl.

Die Vorräte der Erdöllagerstätte Wosej überschreiten an Hand des bisher vorliegenden Materials der Vorerkundung die Vorräte an Leichtöl der Lagerstätte Ussa. Der Abschluß der Erkundung der Lagerstätte ist in den nächsten Jahren zu erwarten. Seit 1975 läuft auf der Erdöllagerstätte in den mitteldevonischen Sandsteinen im S der Hochlage Wosej die Probeförderung.

Die Reflexionsseismik wies im NW der Lagerstätte Wosej im Bereich des Kolwawalls die Strukturen Charjagin, Nord-Charjagin, Jareju und Chyltschuju nach. Diese Strukturen sollen durch Tiefbohrungen besser erkundet werden. Auf zwei von ihnen (Charjagin und Jareju) sind bereits Vorkommen leichten Erdöls bekannt. Offenbar ist der Kolwawall als einheitliche Erdölakkumulationszone mit hohen Konzentrationen an Erdölvorräten anzusehen. Westlich des Kolwawalls konnten Erdöllagerstätten in den Bereichen des Lajawalls und des Walls von Schapkina-Jurjacha nachgewiesen werden. Auf der Werchnie Grubeschor-Struktur sind diese Lager an die mitteldevonischen Sandsteine gebunden; in Süd-Schapkina weisen die Karbonatablagerungen des Karbons und Unterperms eine Erdölführung auf. Gaskondensatlager mit einem Saum leichten Erdöls konnten in den Karbon- und Permablagerungen der Strukturen Schapkina, Wanejwis, Wasilkow, Kumsha und Lajawosh festgestellt werden. Die Erdgasvorräte in den Karbon-Perm-Ablagerungen überschreiten $100 \cdot 10^9$ m³ für die Lagerstätte von Lajawosh. Sie sind durch die StVK schon bestätigt worden.

Mit der Bestätigung der Vorräte durch die StVK wird in den Jahren 1976—1978 auf den Lagerstätten Wasilkow, Süd-Schapkina, Wanejwis und Kumsha die Erkundung abgeschlossen. Ausgangspunkte für die Suche nach Kohlenwasserstoff-Großlagerstätten im Bereich der genannten Wälle sind an erster Stelle die geophysikalisch nachgewiesenen hochperspektiven Erhebungen Mischwan und Komandirshor, die an alte verdeckte Hochlagen des Fundaments gebunden sind und eine große Amplitude besitzen, sowie andere Strukturen, auf denen Suchbohrungen gerade begonnen wurden. Die ausgewiesenen Vorräte des Walls von Schapkina-Jurjacha und des Lajawalls ermöglichen es, mit dem Aufbau von Bau- und Bohrbetrieben für die Erschließung dieser Lagerstätten, die nördlich des Polarkreises liegen, zu beginnen und das neue Narjan-Mar-Erdöl-Erdgas-Förderrevier zu gründen. Im Becken von Chorejwer, das an den Kolwawall anschließt, wurden die ersten wirtschaftlichen Erdölzuflüsse aus unterpermisch-karbonischen Kalken auf der Hochlage von Saljuka und aus silurischen Karbonatablagerungen auf der Mittel-Makarichan-Struktur erhalten. Daraus kann auch auf die große Perspektivität des am wenigsten untersuchten Nordostteils der Timan-Petschora-Provinz geschlossen werden.

Perspektiven

Im Zeitraum von 1972 bis 1975 konnte die große Perspektivität der zentralen und südlichen Teile des Petschora-Kolwa-Walls mit der Erkundung der Gas- und Erdöllagerstätten von Kyrtajol, Petschora-Koshwa und Petschoragorodsk und der Bestätigung der Vorräte durch die StVK untermauert werden. Gleichzeitig wurde die Lagerstätte von West-Soplajas entdeckt. Die in der Nähe durch die Reflexionsseismik ausgewiesenen Antiklinalstrukturen, die noch nicht durch Tiefbohrungen erschlossen sind (Nord-Koshwa, Jugid, Chudojol, Perebor, Aranez) lassen erwarten, daß hier in naher Zukunft ein neues Erdöl-Erdgas-Förderrevier entstehen wird.
Die geologischen und geophysikalischen Angaben sprechen auch für die Perspektivität der nördlichen Senken des Vorural-Paj-Choj-Beckens. In diesem Gebiet wurden bisher nur zum Teil die Struktur Ober-Petschora sowie einige durch große Überschiebungen verdeckte Strukturen des Westabhangs des Urals untersucht.
Es steht außer Zweifel, daß auch in den südlichen Gebieten der Provinz, in denen sich die Mehrzahl der bisher abgebauten Lagerstätten befinden, die Möglichkeiten noch nicht ausgeschöpft sind. Dieses Gebiet enthält zweifellos eine Vielzahl von noch nicht entdeckten Erdöl- und Erdgaslagerstätten, die an Strukturen mit geringen Amplituden und an strukturelle und lithologische Fallen (darunter auch

Riffe) gebunden sind. Zur Zeit wird von der TGU Uchta das projektierte Programm der Suche von Lagerstätten des nichtstrukturellen Typs durchgeführt. Im Ergebnis dieser Arbeiten wird es möglich sein, das hier erreichte Niveau der Erdöl-Erdgas-Förderung zu halten.

Die auf einer komplexen Analyse des geologischen und geophysikalischen Materials beruhende Höffigkeitseinschätzung zeigt, daß allein durch die schon ausgewiesenen Lagerstätten ein Zuwachs an Vorräten gewährleistet werden kann, der eine planmäßige, stufenweise Erhöhung der Erdölförderung in der Timan-Petschora-Provinz im Umfang bis zu ca. $25 \cdot 10^6$ t und eine Erdgasförderung von ca. $22 \cdot 10^9$ m³ pro Jahr gestattet. Die schnelle Zunahme der erkundeten Erdöl-Erdgas-Bilanzvorräte und die durch die Praxis gerechtfertigte beschleunigte Übernahme neuer großer Lagerstätten in den Abbau gestatten ein hohes Zuwachstempo in der Förderung von Erdöl, Erdgas und Kondensat. Wie oben schon dargelegt, betrug 1959 die Erdölförderung in der ASSR der Komi nur 0,5%, die Erdgasförderung nur 3% der Gesamtförderung der UdSSR. Im Jahre 1975 erhöhten sich die Anteile auf 2,5% bzw. auf 7,15%. Bemerkenswert ist folgender Vergleich: Wenn in der UdSSR von 1959 bis 1975 die Förderung von Erdöl und Kondensat um das 3,33fache, die von Erdgas um das 6,73fache gestiegen sind, so entspricht das analog einer Steigerung der Förderung um das 14,7fache bzw. 17,5fache in der ASSR der Komi.

Der schnelle Zuwachs der Förderung von Erdöl und Erdgas in der ASSR der Komi wurde dank einer rechtzeitigen Detailerkundung neuer großer Lagerstätten und ihrer Vorbereitung für die Förderung erreicht. So erfolgte zum Beispiel die Vorratsbestätigung für die Erdöllagerstätte West-Tebuk im Januar 1962; im August des gleichen Jahres begann auf dieser Lagerstätte die Förderung. Im März 1968 wurden die Vorräte für die Lagerstätte Wuktyl bestätigt, und schon ein halbes Jahr später konnte das Gas aus Wuktyl in den Betrieben der Stadt Uchta genutzt werden. Analoges gilt für die Lagerstätte Ussa, deren Erdölvorräte im Dezember 1972 bestätigt wurden. Ab August 1973 strömte das erste Erdöl von Ussa nach Uchta. Die beschleunigte Überführung neuer Lagerstätten in die Förderung gestattete von 1959 bis 1975 die Entnahme von $76 \cdot 10^6$ t Erdöl und Kondensat sowie von $90{,}8 \cdot 10^9$ m³ Erdgas und Erdölbegleitgas. Im Vergleich dazu wurden in der Periode von 1929 bis 1958 in der ASSR der Komi nur $7{,}25 \cdot 10^6$ t Erdöl und $14 \cdot 10^9$ m³ Erdgas gefördert.

Für die Erschließung und den Abbau neuer Lagerstätten unter den Bedingungen eines rauhen Klimas, der Wegelosigkeit und der sumpfigen, morastigen Taiga wurden Autobahnen angelegt, große erdölverarbeitende Werke errichtet, Städte und Dörfer mit städtischem Charakter gebaut. Bedeutende Bauvorhaben in der ASSR der Komi und dem Nationalkreis der Nenzen sind in Verbindung mit der Erschließung neuer großer Lagerstätten im Nordteil der Timan-Petschora-Provinz verbunden.

Zusammenfassung

Der Nordosten des europäischen Teils der UdSSR, der hauptsächlich das Petschorabecken umfaßt, besitzt nach neuesten geologischen Erkundungen reiche Erdöl- und Erdgaslagerstätten. Im Beitrag werden abrißhaft die Regionalgeologie, die geologische Grobcharakteristik einiger Kohlenwasserstofflagerstätten, Förderungsmengen sowie die auf den Lagerstätten basierende Nachfolgeindustrie vorgestellt.

Резюме

Европейский северо-восток, охватывающий главным образом Печорский бассейн, содержит по новейшим геологическим разведкам богатые нефтяные и газовые месторождения. В статье обзорно обсуждаются региональная геология, геологическая характеристика некоторых месторождений углеводорода, дебиты нефти и газа как и базирующая на этих залежах последующая промышленность.

Summary

From latest geological explorations results that rich oil and gas deposits are found in the European north-east of the U.S.S.R, mainly comprising the Pechora basin. The regional geology, geological characteristic of some hydrocarbon deposits and oil and gas outputs are described in outline, and the subsequent industry based on these deposits is discussed.

Literatur

KREMS, A. J.; WASSERMANN, B. J.: Die geologische Voraussetzungen für die Entwicklung eines Zentrums der Erdölförderindustrie im Gebiet der Timan-Petschora-Provinz. — Tematitscheskij nautschno-technitscheskij obzor, WNIIOENG; 21 S., (1974).

KREMS, A. J.; WASSERMANN, B. J.; LESCHTSCHENKO, W. E.: Die Entwicklungsperspektiven der Erdölindustrie in der Timan-Petschora-Provinz, im Norden des europäischen Teils der UdSSR. — Neft. Chos., 9, 23–26, Moskau 1973.

KREMS, A. J.; WASSERMANN, B. J.; MATWIEWSKAJA, N. D.: Die Bildungsbedingungen und Verteilungsgesetzmäßigkeiten von Erdöl- und Erdgaslagern. — Verlag Nedra, 332 S., Moskau 1974.

Spektrographische Zinnbestimmung in Zinnerzen und ihren Aufbereitungsprodukten

VOLKE, P., Freiberg

1. Einleitung

Durch die Forderung nach verstärkter Nutzung einheimischer Rohstoffe gewinnt die Aufbereitung der Zinnerze des Erzgebirges steigende Bedeutung. Damit wachsen auch die Anforderungen an die Analytik. Es ist notwendig, rationelle Analysenmethoden zur Ermittlung des Aufbereitungseffekts einzusetzen. Hier bieten sich spektralanalytische Verfahren an. Auf Grund des geringen Zinngehalts der Erze ist die Emissionsspektrographie zur Zinnbestimmung in diesen Erzen und einem Teil ihrer Aufbereitungsprodukte geeignet. Voraussetzung für den Einsatz spektralanalytischer Verfahren ist allerdings eine weitestgehende Eliminierung von Matrixeffekten. Dies ist besonders wichtig, da die Aufbereitung beträchtliche Matrixveränderungen zur Folge haben kann. Deshalb wurde bei dem hier beschriebenen Verfahren zur spektrographischen Zinnbestimmung den Möglichkeiten zur Beseitigung von Matrixeffekten besondere Beachtung geschenkt.

Eingang des Manuskripts in der Redaktion: 28. 10. 1976.

2. Möglichkeiten zur Beseitigung von Matrixeffekten

Das in Abb. 1 dargestellte Schema zeigt prinzipielle Möglichkeiten zur Beseitigung von Matrixeffekten bei spektralanalytischen Verfahren. Dabei wurden optimal gewählte Gerätepara-

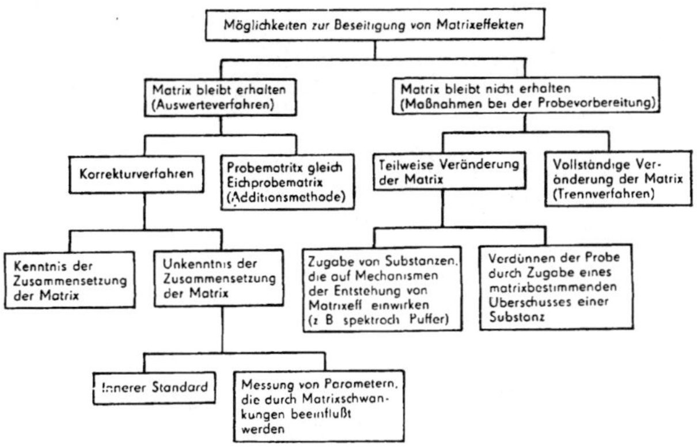

Abb. 1. Möglichkeiten zur Beseitigung von Matrixeffekten bei spektralanalytischen Verfahren

meter bereits vorausgesetzt. So ist beispielsweise nach SCHRÖN (1964) eine hohe Stromstärke günstig zur Verminderung des Matrixeffekts bei der Analyse silikatischer Materialien im Gleichstromdauerbogen.
Bei der Einteilung der Möglichkeiten wurde von praktischen Kriterien ausgegangen und primär unterteilt in Auswerteverfahren und Maßnahmen bei der Probevorbereitung, je nachdem, ob die Matrix erhalten bleibt oder nicht. In der Regel führt nur eine Kombination der aufgeführten Methoden zum Ziel. Bei der vorliegenden Aufgabe steht die Anwendung der Additionsmethode und der Trennverfahren nicht zur Diskussion, da sie den Erfordernissen eines schnellen Routineverfahrens nicht genügen. Korrekturverfahren, die auf einer Kenntnis der Zusammensetzung der Matrix, d. h. auf einer Bestimmung störender Elemente beruhen, sind im Gegensatz zur Röntgenfluoreszenzanalyse bei der emissionsspektrographischen Erzanalyse wenig gebräuchlich.
Zu den Verfahren, bei denen eine Kenntnis der Zusammensetzung der Matrix nicht erforderlich ist, zählt neben der Methode des inneren Standards auch das Messen eines oder mehrerer durch Matrixschwankungen beeinflußter Parameter mit anschließender Korrekturrechnung. Hierher gehört die Messung von Temperatur und Elektronendruck bzw. von Relativwerten dieser Größen im Plasma, wie sie z. B. von DECKER & EVE (1969), DENNEN & SANKARAN (1963) sowie FRISQUE (1960) zur Korrektur von Matrixeffekten benutzt wird.
Über Versuche, Korrekturverfahren bei der Zinnbestimmung in Erzen einzusetzen, soll zu einem späteren Zeitpunkt berichtet werden. In dieser Arbeit wird neben der Auswahl optimaler Geräteparameter die Anwendung eines inneren Standards und eines spektrochemischen Puffers beschrieben.

3. Experimentelles

Es bestand die Aufgabe, ein universelles Routineverfahren für die spektrographische Zinnbestimmung in Erzen der Lagerstätten des Erzgebirges und ihren Aufbereitungsprodukten im Konzentrationsbereich von 0,01 bis 0,3% Zinn auszuarbeiten. Die Nachweisgrenze des hier beschriebenen Verfahrens beträgt ca. 0,003% Sn. Zu bemerken ist jedoch, daß die Aufgabenstellung ein Optimieren hinsichtlich der Nachweisbarkeit nicht erforderte.

Als Anregungsgerät steht ein Abreißbogenerzeuger, Typ ABR 3, und zur Aufnahme der Spektren ein Quarzspektrograph, Typ Q 24 vom VEB Carl Zeiss Jena, zur Verfügung. Das Homogenisieren der Analysensubstanzen erfolgt in einer für diesen Zweck umgebauten Schleudermühle (VOLKE 1966). Zur Charakterisierung der Matrix der Erze und Aufbereitungsprodukte dient ein halbquantitatives spektrographisches Verfahren (VOLKE 1978).

Innerer Standard

Zur spektrographischen Zinnbestimmung in Erzen und Gesteinen liegen Arbeiten von DOERFEL & GEYER (1964), HEGEMANN u. a. (1960), KRAFT (1962), MURRAY & MARITZ (1965), PAWLENKO & POPOWA (1964), SACHARIJA u. a. (1963) sowie SAWORODNOWA (1962, 1965) vor. Von diesen Autoren werden die Elemente Kupfer, Kobalt, Indium, Gold und Germanium als innere Standards verwendet. Für die Lösung der vorliegenden Aufgabe ist Kupfer nicht geeignet, da es in den Erzen z. T. enthalten ist und in einigen Aufbereitungsprodukten mit angereichert wird. Indium und Gold unterscheiden sich in den Ionisierungsenergien der einfachen Ionisation (5,79 eV bzw. 9,22 eV) relativ stark vom Zinn (7,33 eV). Kobalt wird von SAWORODNOWA (1962) nicht empfohlen, da es chemisch dem Zinn zu wenig ähnlich ist.

Ein für die Zinnbestimmung geeigneter innerer Standard ist das auch von SAWORODNOWA (1962) verwendete Element Germanium. Zur Auswertung wird das Linienpaar Sn 303,4 nm/Ge 303,9 nm benutzt. Dieses Linienpaar bietet wegen seiner günstigen Lage im Spektrum sehr gute Auswertebedingungen. Die Übereinstimmung der Anregungsenergien dieser Linien (4.30 eV und 4,96 eV) sowie der Ionisierungsenergien der Elemente (7,33 eV und 8,13 eV) ist befriedigend. Eine Störung der Zinnlinie durch Chrom ist bei den vorliegenden geringen Chromkonzentrationen nicht gegeben. In den wenigen Fällen der Mitanreicherung von Indium koinzidiert die Germaniumlinie mit der Indiumlinie bei 303,9 nm. Es wird dann die Linie Ge 271,0 nm ausgewertet.
Durch die Anwendung von Germanium wird gegenüber dem Arbeiten ohne inneren Standard eine Verringerung der Standardabweichung um ca. 10% erreicht. Fahrspektrogramme und Streudiagramme zeigten ebenfalls, daß Germanium als innerer Standard gut zur Verminderung des Zufallsfehlers geeignet ist.

Spektrochemischer Puffer

Bei dem vorliegenden Analysenproblem reicht die Zugabe eines inneren Standards zur Beseitigung von Matrixeffekten nicht aus. Dies zeigt sich in der unterschiedlichen Lage der Eichkurven[1]) einiger Aufbereitungsprodukte. Deshalb wurden verschiedene Verbindungen (NaF, CaF_2, BaF_2 und Na_2CO_3) auf ihre Brauchbarkeit als spektrochemische Puffer getestet. Zu einer Ausgangssubstanz (Standardprobe Greisen „GnA" des Zentralen Geologischen Instituts, Berlin) wurden Hauptbestandteile der Matrices und Komponenten, deren Gehalt durch die Aufbereitung stark verändert wird (SiO_2, Al_2O_3, Fe_2O_3, MgO, CaO, ZnO, As_2O_3) im Überschuß zugesetzt, damit extreme Matrixveränderungen erzeugt und relative systematische Abweichungen der Sn-Konzentration, bezogen auf die Mischung mit SiO_2, ermittelt. Es zeigte sich, daß mit Natriumfluorid und Natriumcarbonat die geringsten relativen Abweichungen auftreten. Die beste Reproduzierbarkeit wurde bei Natriumfluoridzusatz erreicht.
SAWORODNOWA (1962, 1965) hat gezeigt, daß Natriumfluorid als Puffer für die spektrographische Zinnbestimmung geeignet, jedoch zur Stabilisierung der Verdampfungsbedingungen eine vollständige Fluoridierung der Probe erforderlich ist. Zur Ermittlung der optimalen Natriumfluoridmenge wurden die Abhängigkeiten der Schwärzungen von Zinn S_{Sn} (303,4 nm) und Germanium S_{Ge} (303,9 nm) sowie der Schwärzungsdifferenz $\Delta S = S_{Sn} - S_{Ge}$ von der Natriumfluoridkonzentration untersucht. In Abb. 2 sind diese Kurven für ein hämatitisches, quarzreiches Altenberger Erz dargestellt. Die angegebene Natriumfluoridkonzentration bezieht sich auf 100 mg Erz und konstante Standardzugabe, wobei mit Spektralkohlepulver zu 400 mg

[1]) Den Eichungen lagen Proben zugrunde, deren Zinngehalt polarographisch und jodometrisch bestimmt worden war.

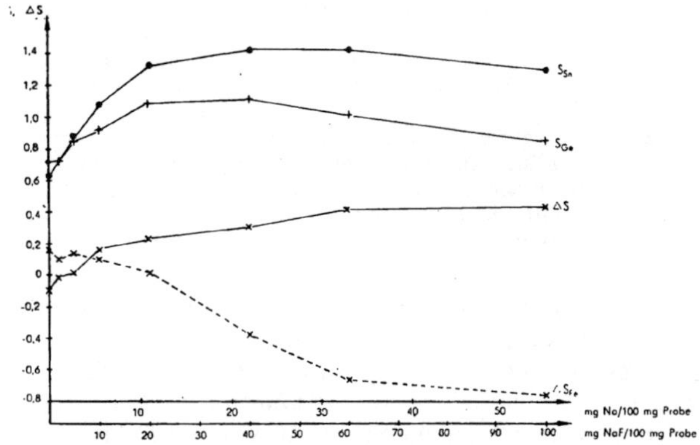

Abb. 2. Abhängigkeiten der Linienschwärzung und Schwärzungsdifferenzen von der NaF-Konzentration

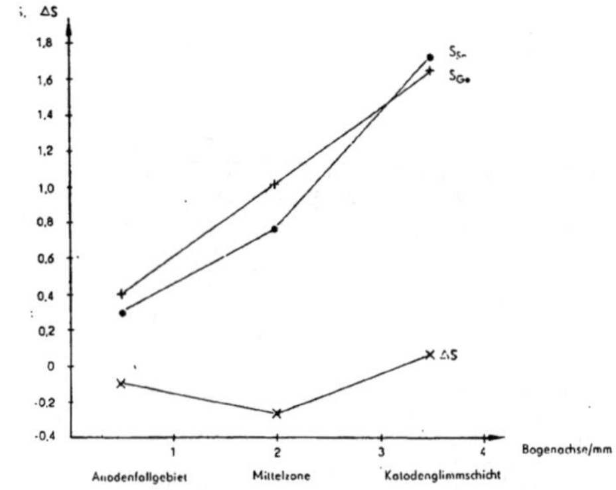

Abb. 4. Schwärzungsverlauf von Sn und Ge längs der Bogenachse ohne NaF-Zusatz

Gesamtmischung ergänzt wurde. Weiterhin wurde zur näherungsweisen Charakterisierung der Plasmatemperatur in Abhängigkeit von der Natriumfluoridzugabe die Schwärzungsdifferenz ΔS_{Fe} des Eisenlinienpaars Fe II 275,5 nm/ Fe I 275,0 nm gemessen. Der Verlauf der ΔS- und der ΔS_{Fe}-Kurve (Abb. 2) zeigt, daß bei einer Natriumfluoridkonzentration von mehr als 60 mg/100 mg Probe eine Stabilisierung der Verdampfungs- und Anregungsbedingungen erreicht wird.

Durch den Zusatz von Natriumfluorid wird die Intensität der Zinnlinie 303,4 nm beträchtlich erhöht. Wie ein Vergleich mit Natriumcarbonat zeigt (vgl. Abb. 3), ist diese Intensitätszunahme mit steigender Puffermenge bis etwa 5 mg Natrium nur in geringem Maße auf die Fluoridierung, sondern vor allem auf den Einfluß des Natriums auf die Anregungsbedingungen zurückzuführen (Senkung der Plasmatemperatur mit steigendem Natriumzusatz). Die S_{Sn}-Kurve bei Natriumcarbonat besitzt ein Maximum bei ca. 5 mg Na/100 mg Probe. Bei dieser Konzentration sind die Anregungsbedingungen optimal. Der weitere Anstieg der S_{Sn}-Kurve bei Natriumfluorid deutet auf den zunehmenden Einfluß der Fluoridierung. Die Abhängigkeit der Schwärzung der Zinnlinie von der Fluoridzugabe läßt sich näherungsweise (z. B. bleiben Diffusionseffekte unberücksichtigt) aus einer Differenzkurve $S_{Sn}(NaF) - S_{Sn}(Na_2CO_3)$ erkennen (vgl. Abb. 3). Danach ist eine vollständige Fluorierung bei ca. 50 mg Natriumfluorid/100 mg Probe erreicht.

Die Natriumfluoridzugabe bewirkt, daß sich die Verteilungsgradienten von Zinn und Germanium längs der Bogenachse (Elektrodenabstand 4 mm), in den Abb. 4 und 5 näherungsweise dargestellt durch die Schwärzungen, einander angleichen. Ohne Natriumfluorid steigen die Schwärzungen von Zinn und Germanium vom Anodenfallgebiet über die Mittelzone des Bogens zur Katodenglimmschicht unterschiedlich stark an. Die Schwärzungsdifferenz ΔS ist nicht konstant (Abb. 4). Bei Zugabe von Natriumfluorid werden die Schwärzungsunterschiede geringer, und die Differenz ΔS bleibt etwa gleich (Abb. 5).

Diese Untersuchungen sowie die Kontrolle des Abbrands ergaben, daß als spektrochemischer Puffer eine Mischung von 200 mg Spektralkohlepulver mit 80 mg Natriumfluorid, bezogen auf 100 mg Probe, günstig ist. Dieses Puffergemisch ist für fast alle bisher zu analysierenden Produkte der Zinnerzaufbereitung einsetzbar. Ausgenommen sind lediglich solche mit extremer Zusammensetzung der Matrix, z. B. Konzentrate, in denen oxidisches bzw. sulfidisches Eisen stark angereichert ist. Hier liegen noch systematische Fehler von etwa 15% vor, so daß Ansatzpunkte für ein mathematisches Korrekturverfahren gegeben sind.

Abbrandbedingungen

Trotz der Anwendung des Puffergemischs traten vereinzelt noch Abbrandstörungen (teilweises Herausschleudern der Mischung aus der Elektrode, „Klettern“ des Bogens) im Gleichstrombogen auf. Da sich diese Störungen durch Glühen der Proben (Glühverlust bei 1000 °C ca. 3%) oder durch die Anwendung eines „groben“ Kohlepulvers (maximale Korngröße 0,063 mm) beseitigen ließen, ist die Ursache in flüchtigen Bestandteilen der Probe in Verbindung mit einer bei sehr feinkörnigem Kohlepulver entstehenden sehr fest

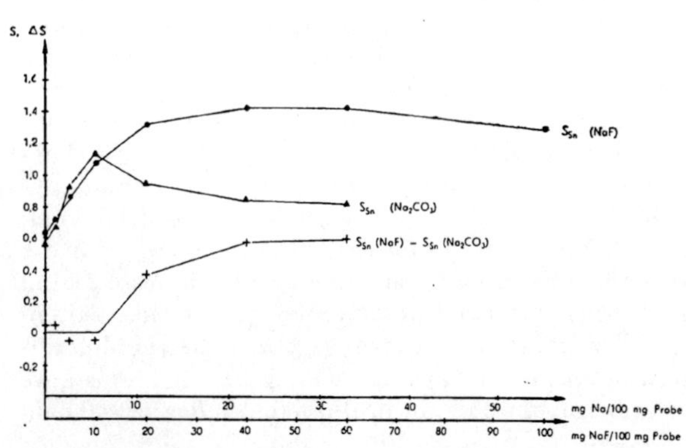

Abb. 3. Vergleich der Wirkung von NaF und Na_2CO_3 auf die Schwärzung der Zinnlinie

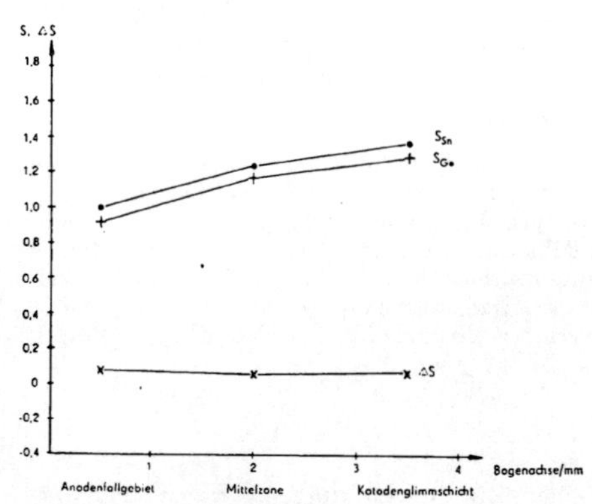

Abb. 5. Schwärzungsverlauf von Sn und Ge längs der Bogenachse mit NaF-Zusatz

zusammengepreßten Mischung in der Trägerelektrode zu suchen.

Diese Abbrandstörungen lassen sich ohne zusätzlichen Aufwand durch 15 s Vorbrennen mit einem Wechselstromabreißbogen ebenfalls beseitigen. Fahrspektrogramme, bei denen auch die Kohlenstofflinie bei 247,9 nm ausgewertet wurde, zeigen die Gleichwertigkeit dieses Vorgehens mit den oben genannten. Während bei Abbrandstörungen die Schwärzung der Kohlenstofflinie schon nach etwa 40 s stark ansteigt, erfolgt bei Vorbrennen mit Wechselstromabreißbogen ebenso wie bei geglühter Probe und bei „grobem" Kohlepulver erst nach ca. 80 s Brenndauer der Übergang vom natriumgepufferten Gleichstrombogen zum Kohlebogen. Um innerhalb gleichbleibender Anregungsbedingungen zu bleiben, wird auf Totalabbrand verzichtet und eine Belichtungszeit von 75 s gewählt.

Durch die Anwendung des Wechselstromabreißbogens wird gegenüber dem Vorbrennen im Gleichstromdauerbogen eine Verringerung des Zufallsfehlers erreicht. Die Standardabweichung für eine Einzelmessung vermindert sich um ca. 1—2%.

4. Auswertung

Es wird leitprobenfrei gearbeitet. Die Konzentrationsberechnung erfolgt mit einem Rechnerprogramm, dessen Algorithmus auf der bei SCHRÖN & ROST (1969) beschriebenen Methode II basiert. Zur Abarbeitung des Programms steht ein Tischrechner (Calculator hp 9810 A) zur Verfügung. Da die 10%-Filterstufen des Analysenlinienpaars (Sn 303,4 nm/Ge 303,9 nm) photometriert werden, ist eine Untergrundkorrektur nicht erforderlich. Für die Berechnung der Plattengradation werden nur Filterstufen (10% und 100%) der Germaniumlinien bei 303,9 nm benutzt. Damit liegen von Platte zu Platte etwa gleiche Schwärzungswerte vor und die Übertragbarkeit ist gut. Der Vertrauensbereich unter Vergleichsbedingungen (statistische Sicherheit 95%) für den Mittelwert aus drei Spektren beträgt ca. 10%. Der Routinebetrieb wird durch ein Kontrollanalysensystem überwacht.

Zusammenfassung

Es wird ein Verfahren zur spektrographischen Zinnbestimmung in Erzen und Aufbereitungsprodukten im Konzentrationsbereich von 0,01 bis 0,3% beschrieben. Nach einem Überblick über prinzipielle Möglichkeiten zur Beseitigung von Matrixeffekten wird auf die Auswahl eines Standardelements, eines spektrochemischen Puffers und optimaler Anregungsbedingungen eingegangen. Als Standardelement dient Germanium (Analysenlinienpaar Sn 303,4 nm/Ge 303,9 nm). Eine Mischung von 200 mg Spektralkohlepulver und 80 mg Natriumfluorid, bezogen auf 100 mg Probe, wurde als geeigneter Puffer ermittelt. Die Anregung erfolgt im Gleichstromdauerbogen bei einer Stromstärke von 9 A (Trägerelektrode ist Katode). Als günstig hat sich das Vorbrennen mit Wechselstromabreißbogen erwiesen. Zur Aufnahme der Spektren dient der Quarzspektrograph Q 24. Der Vertrauensbereich für den Mittelwert aus 3 Spektren beträgt ca. 10% (Vergleichsbedingungen, statistische Sicherheit 95%).

Резюме

Описывается способ спектрографического определения олова в оловянной руде и в обогатительных продуктах при содержаниях от 0,01 до 0,3%. После обзора о принципиальных возможностях устранения эффектов материнских пород останавливается на выбор стандартного элемента, спектрохимичеекого буфера и оптимальных условий возбуждения. Стандартным элементом служит германий (парные линии анализа Sn 303,4 нм/Ge 303,9 нм). Способным буфером выяснена смесь из 200 мг спектрально-угольного порошка и 80 мг флюорита натрия в отношение к 100 мг пробы. Возбуждение происходит в непрерывной дуге постоянного тока при силе тока 9 А (носительным электродом является кадот). Благоприятным указалось предогорение с прерывной дугой переменного тока. Для снимка спектра служит кварцевой спектрограф 24. Предел недежности для среднего значения из 3 спектров составляет около 10% (условия сравнивости, статистическая надёжность 95%).

Summary

A method for the spectrographic determination of tin in ores and products of dressing is described within the concentration range of 0.01 to 0.3 per cent. After reviewing fundamental possibilities of suppressing the matrix effect the choice of a standard element, of a spectrochemical buffer and of optimum conditions of excitation is discussed. Germanium serves as a standard element (pair of analytical lines Sn 303.4 nm/Ge 303.9 nm). A mixture of 200 mg of spectral carbon powder and of 80 mg of sodium fluoride, referred to 100 mg of the sample, was determined to be a suitable buffer. The excitation in the direct-current permanent arc took place at a current intensity of 9 A (the carrier electrode is the cathode). A preliminary burning by means of the alternating-current intermittent arc has proved to be favourable. The quartz spectrograph Q 24 was used to make spectrum recordings. The confidence area for the mean value obtained form 3 spectra is about 10 per cent (reference conditions, level of confidence 95 per cent).

Literatur

DECKER, R. S.; EVE, D. J.: DC Arc in Emission Spectrography. IV, Correction for Matrix-Effects. — Appl. Spectrosc., **23**,5, 497—501, New York 1969.

DENNEN, W. H.; SANKARAN, A. V.: A Method for Matrix Correction in the Spectrographic Determination of Uranium. — Appl. Spectrosc., **17**, 2, 44—47, Boston 1963.

DOERFFEL, K.; GEYER, R.: Methodische Untersuchungen zur spektrochemischen Analyse pulverförmiger Stoffe am Beispiel armer Zinnerze. — Wiss. Z. techn. Hochsch. Chemie, **6**, 3/4, 251—254, Leuna 1964.

FRISQUE, A. J.: Causes and Control of Matrix Effects in Spectrographic Discharges. — Analyt. Chem., **32**, 1484—1488, Washington 1960.

HEGEMANN, F.; KOSTYRA, H.; KOSTYRA, J.: Die spektrographische Bestimmung der Spurenelemente in Tonen mit dem Gleichstrom-Kohlelichtbogen. — Ber. dt. Keram. Gesellsch., **37**, 8, 372—377, Bonn 1960.

KRAFT, M.: Ein Beitrag zum Nachweis primärer Dispersionshöfe am Beispiel, einer Zinnerkundungsbohrung im Raum Mühlleiten. — Z. angew. Geol. **8**, 12, 617—623, Berlin 1962.

MURRAY, K. A.; MARITZ, J. F.: The Spectrographic Determination of Tin in low-grade Tin Ores. — J. South Afric. Inst. Mining & Metallurgy, **11**, 571 to 572, Johannesburg 1965.

PAWLENKO, L. I.; POPOWA, B. S.: Spektralbestimmung von Zinn, Blei und Bor in Silikatgesteinen und Mineralien. (russ.) — Saw Labor. **30**, 6, 699—702. Moskau 1964

SACHARIJA, N. F., u. a.: Spektralbestimmung von Zinn in Erzen. (russ.) — Utsch. Sap. (CNIIO-Lowo), **1**, 57—58, Nowosibirsk 1963.

SAWORODNOWA, G. I.: Spektralmethoden der Zinnbestimmung in Erzen. (russ.) — Bjull. nautschno — technitscheskoj informazij (CNIIO-Lowo), **2**, 2, 61 bis 77, Nowosibirsk 1962.

— Fehler bei der spektralanalytischen Zinnbestimmung. (russ.) — Sh. analyt. chim., **20**, 774—777, Moskau 1965.

SCHRÖN, W.: Der Einfluß des Matrixeffekts bei der Eichung von emissionsspektrometrischen Verfahren für die Bestimmung von Spurenelementen in Silikatgesteinen und- mineralien. — Silikattechnik, **15**, 9, 281—289, Berlin 1964.

SCHRÖN, W.; ROST, L.: Atom-Spektralanalyse. — VEB Dt. Verlag Grundstoffindustrie, Leipzig 1969.

VOLKE, P.: Homogenisieren von Analysensubstanzen für die quantitative Emissionsspektralanalyse. — Chem. Techn., **18**, 11, 690, Leipzig 1966.

VOLKE, P.: Ein Verfahren zur halbquantitativen spektrographischen Übersichtsanalyse. — Z. angew. Geol., **24**, Berlin 1978.

Bodenschätze und Metallogenie des Präkambriums

WOITKEWITSCH, G. W.; LEBEDKO, G. I., UdSSR

Präkambrische Ablagerungen sind in den alten Kristallinkernen aller Kontinente bekanntlich weit verbreitet; große Teile von ihnen sind deshalb eingehend kartiert worden. Es existiert ferner eine große Anzahl von gut untersuchten kambrischen Lagerstätten, die alle zur kontinentalen Kruste gehören. Die Metallogenie des Präkambriums kann letztlich nur dort bearbeitet werden, wo es an die Erdoberfläche ausstreicht. Eine Analyse seiner metallogenetischen Besonderheiten sowie eine Untersuchung der präkambrischen Formationen im Tafelunterbau und deren Metallogenie steht jedoch noch aus. Die Tafelgebiete, deren Unterbau aus präkambrischen Gesteinen bestehen, umfassen 64% der Oberfläche aller Kontinente. Allerdings sind nur ca. 18% von ihnen aufgeschlossen (Afrika — 33%; Südamerika — 21,6%; Nordamerika — 20,6%; Australien — 12,7%; Europa — 11% und Asien — 9%).

In den letzten Jahren ist ein merklicher Fortschritt bei der Erforschung des Präkambriums zu verzeichnen, der vornehmlich mit geochemischen Methoden erzielt worden ist. Die absoluten Altersbestimmungen präkambrischer Gesteinskomplexe auf den einzelnen Kontinenten konnten verbessert, das Studium der Isotopenzusammensetzung von Elementen (besonders von Pb, C, S und O) einiger präkambrischer Erzformationen erweitert und auf diese Weise die Lagerstättengenese und Erzherkunft besser eingeschätzt werden. Schließlich haben die Kenntnisse über Lithologie, Geologie und Tektonik der ältesten geologischen Formationen bedeutend zugenommen, wobei auch etliche Fragen metallogenetischen Charakters entschieden werden konnten. GORSHEWSKI & KOSERENKO, TWALTSCHRELIDSE, BELEWZEW, TUGARINOW, SINIZYN, DERRY, HOLMS, WILSON u. a. haben in ihren Arbeiten anschaulich bewiesen, daß das Präkambrium der verschiedenen strukturell-faziellen Zonen reich an Bodenschätzen ist. Räumliche Besonderheiten in der Verteilung metallogenetischer Provinzen endogenen Typs existieren in den Randteilen alter Kratone. Diese (2600 Mill. Jahre und mehr) finden auch hinsichtlich des Auftretens von sedimentären Lagerstätten (Kanada, Südafrika, Ostaustralien) ein bestimmtes Interesse. In einer Anzahl metallogenetischer Provinzen des Präkambriums treten stratiforme Kupfer-, Blei- und Zinklagerstätten verschiedenen Alters mit vulkanogener bzw. sedimentärer (biogener) Genese auf, die später metamorph umgewandelt worden sind. Einige von ihnen gehören zum frühen Präkambrium (2600 bis 3500 Mill. Jahre). Größere Teile der präkambrischen Massive unterlagen nach ihrer Stabilisierung einer autonomen Aktivierung, wobei verschiedene endogene Lagerstätten entstanden. Solche Vorgänge sind besonders im späteren Präkambrium zu beobachten.

Das vorliegende Buch bildet die gegenwärtig vollständigste Zusammenfassung über präkambrische Lagerstätten und deren Metallogenie in der Sowjetunion. Es basiert auf internationalen Untersuchungsergebnissen auf diesem Gebiet, wobei zahlreiche Tatsachen über neu entdeckte Lagerstätten auf den verschiedenen Kontinenten mitgeteilt werden und enthält auch die Ergebnisse der Autoren über das präkambrische Fundament im S der Russischen Tafel.

Die Autoren geben eine kurze metallogenetische Analyse der wichtigsten chemischen Elemente der präkambrischen Metallogenie: Fe, Ti, Cr, Mn, Co, Ni, Cu, Pb—Zn, Au, Ag, Pt-Gruppe, Sn, W, Mo, Be, Li, Ta–Nb, U, Th und Seltene Erden. Dabei werden die Bildungsbesonderheiten von Erzprovinzen im Präkambrium in Verbindung mit der chemischen Entwicklung von Lithosphäre, Atmosphäre und Hydrosphäre dargestellt, die wichtigsten geochemischen und geologischen Faktoren der Elementkonzentration behandelt und die metallogenetischen Epochen des Präkambriums auf verschiedenen Kontinenten ausgegliedert. Besonders ausführlich ist der Abschnitt „Eisen“, in dem u. a. die kennzeichnenden Merkmale der einzelnen Eisenerztypen (Keewatin, Leptit, Kriwoi Rog, Itabirit, Takonit, Eisenoolithe usw.), ihre Entstehung und Evolution dargestellt sind.

In einem einleitenden Kapitel weisen die Autoren darauf hin, daß die allgemeine Entwicklung von Atmosphäre, Hydrosphäre, Lithosphäre und der Lebewelt im Präkambrium die wesentlichsten Voraussetzungen für eine Metallkonzentration und Erzbildung bei den nachfolgenden metamorphen und ultrametamorphen Prozessen sowie bei der Bildung von Erzprovinzen waren.

Nach Auffassung der Autoren waren die ersten sedimentären Bildungen Laterite, eisenschüssige Bauxite, Al_2O_3- und Si-haltige Gesteine, die aus dem Zerfall von Basalten u. a. kontinentaler Gesteine stammten, sowie Dolomite, Kalksteine, kohlensaure und Mn-haltige Gesteine. Das älteste Stadium der Lithogenese verlief unter den Bedingungen eines feuchten, tropischen Klimas und intensiver vulkanischer Tätigkeit, d. h., es überwog eine effusiv-sedimentäre Lithogenese. Nach MILOWSKI (1972) ist für die Zerlegung des Basalts in die Hauptbestandteile — tonige Produkte (Montmorillonit, Kaolinit, und Hydroglimmer), Karbonate, Fe- und Mn-Hydroxide, Salze, freie Kieselsäure und wenige andere Komponenten — die Aufnahme von Substanzen aus der Atmosphäre und Hydrosphäre im Umfang von ca. 25% notwendig (ca. 7% H_2O, ca. 13% CO_3 und ca. 3,5% HCl).

In den älteren Entwicklungsstadien mit hoher Konzentration von freier Energie, hoher Stoffdispersion, hoher Mobilität und Reaktionsfähigkeit der Substanzen usw., entstanden große Massen von Sedimentgesteinen mit zunächst nur schwacher Metallkonzentration. Erst später erfuhren sie durch ultrametamorphe Prozesse in der Tiefe eine weitere Anreicherung. Diese Gesteine waren die Ursubstanz für die Entstehung von magmatogenen und später sedimentären Lagerstätten. Die Autoren sind auch der Meinung, daß in tieferen Krustenbereichen bzw. im oberen Mantel metallangereicherte regionale Schichten gebildet wurden, die unter orogenen Bedingungen zum Metallträger geworden sind und die metallogenetische Spezialisierung von Intrusionen beeinflußten. Der überwiegende Teil von Erzlagerstätten ist an die Kontinentalkruste gebunden. Geosynklinalen in ozeanischer Kruste sind dagegen relativ erzarm.

Es ist noch zu erwähnen, daß sich während des Präkambriums durch die Veränderung der thermodynamischen Bedingungen im Verlauf der Krustenentwicklung die Intensität der metamorphen Prozesse verringert hat. Im älteren Präkambrium war der geothermische Gradient

Verlag NEDRA, 231 S., 31 Tab., 39 Abb., 408 Lit., Moskau 1975.
Referat: W. BEYER, Schneeberg

bedeutend größer als in rezenter Zeit. Nach Auffassung der Autoren hängt dies eventuell mit dem radioaktiven Zerfall zusammen.

Frühes Präkambrium

Die Gesteine des frühen Präkambriums (2500 bis 3700 Mill. Jahre) bilden besonders in Kanada, Südafrika, Indien und Westaustralien große geologische Provinzen. Diese „Grünstein"-Kerne der Kontinente ähneln in ihrem Chemismus der ozeanischen Kruste. Insgesamt sind in den Schichten der Epoche des frühen Präkambriums nur geringe Erzvorkommen vorhanden. Auch mangelt ihnen die Vielfältigkeit. Von wirtschaftlichem Interesse sind in den genannten Gebieten vorwiegend Eisen-, Mangan- und Golderzlagerstätten sowie in geringerem Maße Chromerz- und Titanerzlagerstätten in alten Anorthositen. Die Eisenerzlagerstätten sind meist bändrige Fe-führende Formationen vom Typ Keewatin. In Kanada (Flin-Flon, Norande, Indian, Mountain Lake u. a.) sind auch stratiforme polymetallische Lagerstätten sowie solche vulkanogener Herkunft bekannt. Die Vererzung ist meist syngenetisch, z. B. in der Provinz Keewatin/Kanada mit plutonischen Cu–Ni-, Pb–Cr-, Asbest- und Fe-Erzen in basisch-ultrabasischen Gesteinen; mit Cu–Zn–Ag–Au-Sulfiderzen in sauren und mittleren Vulkaniten; mit sedimentär-exhalativen Varietäten der Eisernerzformation in chemogenen Sedimenten und sedimentären Eisenerzen.
Im Verlauf der frühpräkambrischen Granitisierung wurden radioaktive Minerale und Gold angereichert, welche die Grundlage der uran- und goldführenden Konglomerate vom Typ Witwatersrand im mittleren Präkambrium bilden. Insgesamt sind mehrere Typen von Anofthositen festzustellen, die auf orogene Prozesse vor der Bildung der Granitgneise schließen lassen. Auch auf die Ähnlichkeit zwischen irdischen präkambrischen Anorthositen und lunaren Anorthositen wird von den Autoren aufmerksam gemacht.

Mittleres Präkambrium

Im mittleren Präkambrium (1700 bis 2500 Mill. Jahre) entstanden stabile Tafelstrukturen. Einige wurden sogar von einem Deckgebirge überdeckt (Roraima-Formation/Südamerika). An den peripheren Kratonteilen bildeten sich alte Geosynklinalen mit entsprechenden erzführenden Formationen. Die Metallogenie ist reicher als die des frühen Präkambriums, und neue genetische Lagerstättentypen treten in Verbindung mit den Tafelstrukturen auf. Die Lebenstätigkeit, die die hypergenen Prozesse und die sedimentäre Erzbildung beeinflußt, hinterließ deutlichere Spuren. Zu den typischen Erzformationen des mittleren Präkambriums gehören die bändrigen Eisenquarzite, z. B. vom Typ Kriwoi Rog, Itabirite und Takonite sowie goldführende Konglomerate. Vorkommen von Kupfersulfiden sind im Olekmo-Witim-Gebiet/Sibirien (Udokan-Serie) besonders charakteristisch ausgebildet. Die Ähnlichkeit der Isotopenzusammensetzung zwischen mittelpräkambrischen und jüngeren Kupferablagerungen weisen auf eine genetische Verwandtschaft sowie einen vergleichbaren Charakter und Maßstab der Tätigkeit von sulfatreduzierenden Bakterien bei ihrer Bildung hin. Bereits im mittleren Präkambrium muß eine reiche Lebewelt von anaeroben und vielleicht auch anderen Bakterien existiert haben, die sich vor allem in den küstennahen Teilen der Paläobecken gebildet haben.
Die Erdatmosphäre war zweifellos an freiem Sauerstoff reicher, der die Migration der Erzelemente unter hypergenen Bedingungen stark stimulierte. In der Eisenerzformation lassen sich alle Typen geochemischer Fazies nachweisen (oxidisch, silikatisch, karbonatisch und sulfidisch). Erstmals tritt in Transvaal auch die oolithische Eisenerzformation auf. Es entstanden sedimentäre polymetallische Lagerstätten stratiformen Aussehens, die metamorph umgewandelt wurden (Australien).
Das mittlere Präkambrium ist die Epoche einer intensiven Granitisierung von Geosynklinalserien. Auf allen präkambrischen Schilden kommen in diesem Zusammenhang zahlreiche seltenmetallische Granitpegmatite vor. Erstmals werden hydrothermale Lagerstätten gebildet; dafür ist die Provinz Churchill-Athabaska/Kanada ein Beispiel. Im mittleren Präkambrium beginnen auch die Geosynklinal-Tafel-Bedingungen in der Krustenentwicklung zu wirken. In den stabilsten Bereichen entstehen mitunter mächtige Intrusivkomplexe subkrustaler Herkunft (Bushveld) mit bauwürdigen Erzanreicherungen. Unter halbtafeligen Bedingungen treten Alkaligesteine und ihre Pegmatite mit einer typischen Erzmineralisation auf. Die älteren Geosynklinalserien unterlagen starken ultrametamorphen Prozessen, und die umgelagerten Metalle wurden in Lagerstätten endogenen Aussehens konzentriert. Das mittlere Präkambrium umfaßt mehrere orogene Zyklen und metallogenetische Epochen, deren Trennung infolge von Überlagerungen der einzelnen Prozesse schwierig ist.

Spätes Präkambrium

Im späten Präkambrium (570 bis 1700 Mill. Jahre) erhält die Erdkruste einen komplizierten Bau, der sich auch in der endogenen und exogenen Erzgenese widerspiegelt. Alle genetischen Lagerstättentypen des Phanerozoikums treten jetzt auf. Es sind Tafeln und Geosynklinalen vorhanden, und die Krustendifferenzierung in kontinentale und ozeanische Segmente schreitet weiter fort. Die metamorphen Prozesse verlieren an Einfluß und kommen nur noch in den mobilsten Krustenbereichen vor. Die Granitoide bilden vorwiegend Batholithe. Granitpegmatite und hydrothermale Lagerstätten entwickeln sich vielfältig. Bei den Granitpegmatiten können deutlich Altergruppen unterschieden werden (550 bis 600 Mill. Jahre — Sri Lanka, Mozambique usw.; 700 bis 750 Mill. Jahre — Hart Range/Zentralaustralien usw.; 800 bis 900 Mill. Jahre — Ontario, Südostnorwegen usw.; 1000 bis 1100 Mill. Jahre — Grenville/Kanada, Texas, Südafrika, Indien u. a.).
Das Wachstum der Tafeln ist mit einigen geotektonischen Zyklen verbunden, an die bestimmte sedimentäre und endogene Lagerstätten geknüpft sind. So entstanden in Afrika im Zeitraum von 1050 bis 850 Mill. Jahren Zinn- und Goldlagerstätten; in der Zeitepoche von 600 bis 650 Mill. Jahren Lagerstätten von Kupfer, Kobalt und Vanadium; im Zeitraum von 500 bis 550 Mill. Jahren Lagerstätten von Zink, Blei, Silber und Zinn. Im Spätkambrium wurden in einzelnen stabilen Gebieten auch Karbonatite mit Seltenen Erden sowie Thorium gebildet. Die Genese hängt mit ultrabasischem bis alkalischem Magmatismus zusammen.
Die Amplitude der epirogenen Bewegungen der Kruste nimmt zu und demzufolge auch der Kontrast des Reliefs. Die mechanische Denudation und Sedimentation werden beschleunigt. Dementsprechend erfolgt eine umfangreiche Entwicklung von terrigenen Sedimenten, und die Mächtigkeit solcher Serien nimmt zu. Es entstehen kontinentale

Ablagerungen mit Kaolinit- und Ablagerungen mit Kaolinit- und Lateritverwitterungskrusten. In den marinen Becken treten vorwiegend biogene Karbonate auf, während sich die Dolomitbildung verringert.

Im späten Präkambrium verschwindet die bändrige Jaspilit-Eisenerzformation, und die Fe-führenden Sedimente bestehen meist aus Sideriten und oolithischen Hämatit-Chlorit-Erzen. Unter reduzierenden Bedingungen entstehen sedimentäre Kupferlagerstätten, so z. B. der Kupfergürtel von Zentralafrika. Unter ähnlichen Voraussetzungen werden auch Blei, Zink und Silber abgesetzt. Stratiforme polymetallische Lagerstätten sind weiterhin anzutreffen.

Im späten Präkambrium vervielfältigen sich die strukturellen, lithologischen und stratigraphischen Bedingungen der Vererzung. Die Formen der Erzkörper werden differenzierter. Sie reichen von Schichtlagern bis zu komplizierten Stockwerkslagerstätten. Der Erzgang wird zur häufigsten Form der Erzkörper. Hinsichtlich der Verteilung der Lagerstätten tritt eine klare Linearität auf. Die meisten Lagerstätten des späten Präkambriums entstanden in sedimentären Gesteinen, die für eine Migration von Erzlösungen und für metasomatische Prozesse günstig sind.

Am Ende des späten Präkambriums (Riphäikum) ist also eine Komplizierung der genetischen Typen von Erzlagerstätten sowie der Zusammensetzung und des Aufbaus der metallogenetischen Provinzen eingetreten. Die Erzbildungsprozesse erfahren in vertikaler Richtung und in bezug auf die damit verbundene Zonalität der Erzfelder eine bedeutende Entwicklung. Das Phanerozoikum übernimmt schließlich die mit Metallen angereicherten Zonen des Präkambriums.

Die Autoren wollen mit ihrer Arbeit keine Vollkommenheit anstreben, aber eine bestimmte Orientierung auf die Besonderheiten der Lagerstättenverteilung im Präkambrium geben. Dieses Bemühen ist den Autoren gelungen.

Die Zonalität endogener Erzlagerstätten

RUNDKWIST, D. W.; NESHESKIJ, I. A., UdSSR

Die Zonalität der Vererzung ist eine der charakteristischsten Eigenschaften fast aller endogenen Erzlagerstätten und bildet daher in der Lagerstättenlehre ein zentrales wissenschaftliches Problem. Im Lagerstättenaufbau ist die Zonalität nicht weniger wichtig als der Stoffbestand und gleichfalls ein den Lagerstättentyp bestimmendes Merkmal. Die Lagerstättenzonalität hat insbesondere eine wichtige praktische Bedeutung, die vor allem in den Möglichkeiten einer Nutzung für die Suche, Erkundung und Einschätzung von Lagerstätten, der Klärung der Lagerstättengenese sowie der Besonderheiten bei der Erzbildung und -verteilung beruht.

In den letzten Jahren erhielt in der Sowjetunion die Zonalität von Lagerstätten im Zusammenhang mit der sogenannten Konzeption über das Organisationsniveau der Stoffe, insbesondere bei der Formationslehre, einen neuen Inhalt (DRAGUNOW 1965, WASILJEW u. a. 1972). Wenn vom Organisationsniveau der Stoffe ausgegangen wird, kann die Zonalität von verschiedenen Standpunkten betrachtet werden, wobei in vorliegender Arbeit speziell die Verteilung von chemischen Elementen in den Lagerstätten bzw. Erzformationen studiert wird. Die Zonalität als „gesetzmäßig geordnete (geregelte) Verteilung der im Lagerstättenraum liegenden Gesteine, Erze, Minerale und chemischen Elemente" (S. 3) wird als eine der wichtigsten Merkmale der Struktur von Formationen (analog dem Begriff „Mineralstruktur") angesehen und bei der Unterteilung und Systematik von Formationen, auch metasomatischer, breit angewendet. Langjährige Untersuchungen haben die Autoren zu dem Schluß geführt, daß die geochemische Zonalität die wichtigsten Besonderheiten der Bildung und des Aufbaus von endogenen Lagerstätten und die genetische Verwandtschaft von Lagerstätten widerspiegeln kann.

In dem zu referierenden Werk wird die Zonalität der Vererzung endogener Lagerstätten der unterschiedlichsten Erzassoziationen aus aller Welt, auch erzgebirgischer Lagerstätten, in einer inhaltsreichen und instruktiven Arbeit analysiert. Die von den Autoren mitgeteilten Ergebnisse beruhen auf einer Auswertung umfangreicher Literaturangaben aus allen Kontinenten, wobei über 500 Lagerstätten sowie eigene Studien aus verschiedenen Lagerstättengebieten der Sowjetunion berücksichtigt worden sind. Einige Aspekte der verdienstvollen Arbeit sollen hier genannt sein.

Die Autoren haben zur Systematisierung der vorhandenen Daten über die Lagerstättenzonalität drei Merkmale als am typischsten ausgehalten. Das sind vor allem die Zonalitätsreihen, ihre räumliche Orientierung und schließlich ihre zeitliche Entwicklung.

Verlag Nedra, 224 S., 26 Abb., 6 Taf., 248 Lit.-Ang., Leningrad 1975.
Referat: W. BEYER, Schneeberg

Zonalitätsreihen

Die Zonalitätsreihen von Elementen bleiben in vielen Lagerstätten am stabilsten erhalten. Sie können unter verschiedenen Gesichtspunkten betrachtet werden. So z. B. als Tendenz einer Veränderung der quantitativen Verhältnisse bestimmter Minerale oder Konzentrationen von Elementpaaren (Pb/Zn — in Kieslagerstätten, Cu/Ni — in Cu/Ni-Lagerstätten usw.), aber auch als Veränderungen in der Zusammensetzung und den Gehalten von Elementbeimengungen in einfachen Vererzungstypen (Fe, Mg — Chromit, Gebiet Kemirsai, Bi — Galenit, Gebiet Freiberg usw.). In dem zu referierenden Werk charakterisieren die Zonalitätsreihen jedoch nicht die Wechselverhältnisse beim isomorphen Einbau von Elementen in die Minerale, die von den Besonderheiten der räumlichen Verteilung der Mineralwirte abhängig sind, sondern die Konzentrationsmaxima erzbildender Elemente sowie ihrer Assoziationen von hoch- zu niedrigtemperierten Paragenesen; sie werden von den Autoren als Vektor mit einem gerichteten räumlichen Wechsel der Mineralisation verstanden.

Infolge der Vielfalt von Erztypen und deren räumlichen und zeitlichen Beziehungen kann keine einheitliche Reihe aller bekannten Zonalitäten bestehen, sondern nur ein System von Zonalitätsreihen der Erzelemente in den verschiedenen Lagerstättenarten. In der Tabelle sind in Form zusammengefaßter Zonalitätsreihen die typischsten Wechselverhältnisse der räumlichen Verbreitung von Konzentrationsmaxima von Erzelementen in sieben Lagerstättengruppen mit ihren Untergruppen gezeigt (siderophil, siderophil — chalkophil, chalkophil, lithophil — chalkophil, lithophil, siderophil — lithophil, lithophil — siderophil — chalkophil). Nach den Elementassoziationen wurden daneben sieben Hauptzonen ausgehalten, wobei ein Element für mehrere Zonen typisch sein kann. Die vierte Zone bildet als polymetallische Pb—Zn-Zone eine Art von „Achse", die auf der weiten Verbreitung von Bleiglanz-Zinkblende-Mineralisationen in verschiedenen Lagerstättentypen beruht. Die Analyse der genannten

Tab. 1. Zusammengefaßte Zonalitätsreihen von Lagerstätten verschiedener Gruppen

Gruppe	Untergruppe	Reihe	Zonen I	II	III	IV	V	VI	VII
I	Cr, Pt	1	Cr → Pt, (Pd, Cu, Ni, Co) → Fe						
	Ti, Fe, V, (Cu)	2	Ti, Fe → Fe, V		→ Fe, Cu				
II	Ni, Cu	3		Fe, Ni, (Co, Pt) →	Cu, (Pd, Pt, Os, Jr) →	(Zn, Pb, Bi, Te) →	(Ag, Au)		
	Fe, Cu, Zn, Pb	4		$\frac{\text{(Fe, Co)}}{\text{(Fe, Sn)}}$ Fe →	$\frac{\text{(Au, Cu)}}{\text{(Mo, Cu)}}$ Cu →	Zn, Pb (Ag) →	Ag, Au, Te →	(Ag, Au)	
	Fe, Mn, Zn, Pb	5		Fe →	Fe, Mn, (Cu) →	Zn, Pb →	(Ag, Au)		
III	Cu, Au, As	6		(W, Mo) →	Au, Cu, (As, Sb) →	(Zn, Pb)			
	Zn, Pb	7		(Sn, W), (Fe, As) →	Fe, Cu, (As) →	Zn, Pb →	Sb, Ag, Au		
	Ag, Au	8		(Fe, As) →	Cu →	Zn, Pb →	Ag, (Au) →	(Ag), Au →	$\frac{\text{(Sb, Hg, As)}}{\text{(Fe, Mn)}}$
	Sb, Hg	9			(Cu) →	(Zn, Pb) →	Sb, (Ag, Au, Se) –	Sb, Hg →	Hg, As → As
IV	Mo, Cu	10		$\frac{\text{(Fe, Mo)}}{\text{(W, Mo)}}$ Mo, (Cu) –	$\frac{\text{Cu}}{\text{(Au, Cu)}}$ →	(Z , Pb) →	(Ag, Au)		
	Sn, Cu, Zn, Pb	11		Sn, (W) –	$\frac{\text{Sn, Fe, As}}{\text{Sn, Cu}}$ →	Zn, Pb →	Sb, (Ag) →	Hg	
	W, Au	12		W, Au –	Fe, As, Au →	(Au), Zn, Pb →	(Pb), Sb, (Au) →	(Sb), Au	
	W, Au	13		Mo, Au –	Fe, As, Au →	(Au), Zn, Pb →	(Pb), Sb, (Au) →	(Sb), Au	
	W, Sb, Hg	14			(W, Mo, Fe, As, Au) –	W, Sb, (Zn) →	(W), Sb; Hg, (As)		
V	Mo, W, (Be)	15		$\frac{\text{Mo}}{\text{W}}$ – Mo, Be, W →	W, (Bi) –	(Cu, Zn, Pb) →	(Ag, Au)		
	Sn, W, (Be, Li)	16		(Li), Sn, Be, W →	(Sn, As), W, (Bi) →	(Cu, Zn, Pb)			
	Nb, Ta, Be, Li	17	Zr → Nb, Ta → TR →	Li, Ba – Be, W →	W, (Bi)				
	Ti, Zr, Nb, Ta, TR	18	Zi, Zr → Nb, Ta	→ TR(U)					
	U, Mo	19		U → Mo →	Cu, (Zn, Pb) →	Zn, Pb			
VI	Fe, Ti, Zr, Nb, Ta, TR	20	Fe, Ti → Zr → Nb →	Ta, U → TR →	(Mo, Cu, Zn, Pb				
	U, Bi, Co, Ni, Ag	21		U, (Bi, Co, Ni) →	Bi, Co (Ni) →	Cu, Ni, As, Ag →	(Co, Ni), Ag		
	U, V, (Se), Cu, Mo	22		U, V, (Se) →	Mo, Cu				

Lagerstättengruppen machen anhand vieler Beispiele aus aller Welt einen Hauptteil des vorliegenden Werkes aus.
Das Streben zu chalkophilen Elementassoziationen beim Übergang von den älteren zu den jüngeren Gliedern der Zonalitätsreihen ist dabei die allgemeinste Besonderheit der räumlichen und zeitlichen Entwicklung der Vererzung in den Zonalitätsreihen aller Lagerstättengruppen, wobei bei detaillierterer Betrachtung auch eine rückläufige Tendenz eintreten kann, d. h., in den Endgliedern treten erneut lithophile und siderophile Elemente auf. Im allgemeinen wird auch eine bestimmte Übereinstimmung zwischen der Zusammensetzung und Abfolge der Zonalitätsreihen und dem Charakter der auftretenden Magmatite festzustellen sein. So ist z. B. eine vielfältigere Vererzung und breitere Differenzierung der Zonalitätsreihen dort zu beobachten, wo im Lagerstättenbereich stofflich verschiedenartige Magmatite vorkommen. Die Anfangsglieder von Zonalitätsreihen haben infolge ihrer breiteren Elementdifferenzierung zur Feststellung des Vererzungstyps und seines Zusammenhangs mit anderen Lagerstätten eine wesentlich größere Bedeutung. Andererseits wird die begrenzte Variabilität der Endglieder von Zonalitätsreihen durch eine größere Mannigfaltigkeit der assoziierenden Nichterzparagenesen „kompensiert", worauf insbesondere in den äußeren Lagerstättenzonen die weit verbreiteten Quarz-, Chlorit-, Calcit-, Fluorit- u. a. Trümer hinweisen.
Die Zonalitätsreihen charakterisieren nur die allgemeinsten Besonderheiten, denn im einzelnen werden in der Anordnung bestimmter Elemente der Zonalitätsreihen auch Unterschiede anzutreffen sein. In hochtemperierten Cu—Ni-Lagerstätten hängen z. B. Cu, Ni, (Co) eng zusammen, während sie in mittel- und niedrigtemperierten Lagerstätten ein antagonistisches Verhalten besitzen und in Bi—Co—Ni-Lagerstätten die dort auftretende Kupfervererzung eigentlich uncharakteristisch ist. In Greisenlagerstätten liegt die Mo-Zone meist im Zentralteil und Wolfram an der Peripherie der Lagerstätten, während in Skarn- u. a. Lagerstätten Wolfram zur Innenzone neigt und Molybdän mehr zur Peripherie. Auch zeigt es sich, daß bei gleicher Erzzusammensetzung die geregelte Zonalitätsreihe verschiedener Vererzungstypen unterschiedlich sein kann. So treten in Transbaikalien zwei Vererzungstypen gleicher Zusammensetzung mit verschiedenen Regelungsreihen auf, und zwar (von innen nach außen): 1. Mo → W → Sulfide (Zn, Pb) und 2. W → Mo → Sulfide (Zn, Pb), d. h., diese und andere Beobachtungen weisen auf genetisch verschiedene Vererzungen hin.

Räumliche Orientierung

Der zweite wichtige Faktor zur Charakterisierung von Zonalitäten ist die räumliche Orientierung der Zonalitätsreihen bzw. der Veränderlichkeit der Mineralisationen, entlang deren Vektoren eine gerichtete Elementverschiebung eintritt. Diese Vektoren widerspiegeln zahlreiche genetische Besonderheiten und ermöglichen die Feststellung der wichtigsten erzkontrollierenden Faktoren. Die Autoren weisen dabei insbesondere auf eine Analyse der Symmetrie der Zonalität hin, die ein Ausdruck der räumlichen Verteilung von unterschiedlichen Vererzungstypen sein kann.
In Lagerstätten verschiedener struktureller und morphologischer Typen sind die genannten Vektoren der Veränderlichkeit der Mineralisation unterschiedlich orientiert. So ist z. B. in röhrenförmigen Erzkörpern die Mineralisationsänderung längs der Vertikalachse und im Radius am deutlichsten, in Schichtkörpern — quer zur Schichtung usw. Nach der Orientierung dieser Vektoren und nach der strukturell-geometrischen Charakteristik der Zonalität werden von den Autoren konkordante (stratiforme, schichtparallele usw.), diskordante (Gänge, Röhren, Stockwerke u. a.) sowie als Zwischentyp die „Kontakt"-Lagerstätten (Bildungen nahe oder am Intrusivkontakt) unterschieden. Diese Lagerstättentypen sind letztlich die drei Hauptvarianten einer möglichen Lage von geologischen Körpern im Gravitätsfeld, und zwar senkrecht, parallel und schräg zum Vektor der Schwerkraft.
In den konkoranten Lagerstätten hat der Vektor einer maximalen Veränderlichkeit der Mineralisation eine Orientierung quer zur Gesteinsschichtung, meist vertikal, und der Hauptvektor der Zonalität ist dementsprechend nach dem Erdradius orientiert. Die Zonalität kann divergierend oder konvergierend sein.
In diskordanten Lagerstätten ist das entgegengesetzte Schema der Verbreitung der Mineralisation bzw. Zonalität vorhanden, d. h. eine kontrastreiche horizontale und ausgedehnte, aber oft weniger klare vertikale Zonalität. Typisch ist für die diskordanten Lagerstätten auch eine Symmetrie in der Anordnung der Zonalitätsvektoren. So ist für die meisten Ganglagerstätten eine bilaterale Symmetrie (in der Symmetrieebene) charakteristisch. Eine zentrale Symmetrie (in der Symmetrieachse) ist für viele Mo- und W-Stockwerkslagerstätten über Granitkuppeln typisch. In einer schematischen Übersicht stellen die Autoren insgesamt 18 Fälle einer Zonalität von diskordanten Erzkörpern und Lagerstätten mit Zonalitätsreihen vor.
Die Zonalität von Metasomatiten und der Vererzung führte auf Grund umfangreicher Literaturstudien die Autoren zur Schlußfolgerung, daß über und unter der Vererzung von Lagerstätten eine äußere und innere Zone ausgehalten werden kann. So sind z. B. für die vertikale Zonalität von Metasomatiten über der Vererzung charakteristisch: Verschiedenartige Metasomatite, kontrastreiche zonale Säulen, breite Entwicklung der Innenzonen, relativ schmale Außenzonen und Vorkommen jüngerer Mineralparagenesen. Die vertikale Zonalität von Metasomatiten unterhalb der Vererzung ist durch eine einfachere Zonalität, eine geringere Anzahl von metasomatischen Zonen mit niedrigem Kontrast, die relative Mächtigkeit der Außenzonen sowie betonter entwickelte ältere Mineralparagenesen gekennzeichnet.
Bei den „Kontakt"-Lagerstätten ist die Zonalität von Erzkörpern am schwierigsten zu beurteilen, da hier die Kontaktflächen der Intrusionen viele Besonderheiten der Zonalität bestimmen und ein Zusammenhang zwischen der Morphologie der Apikalteile von Intrusionen und der darüber ausgebildeten Vererzung besteht. Die Autoren zeigen an etlichen Beispielen, daß über symmetrischen und asymmetrischen Granitkuppeln auch unterschiedlich ausgebildete Mineralisationszonen entwickelt werden können. Im allgemeinen ist der Hauptvektor einer Veränderlichkeit der Mineralisation senkrecht zur Kontaktoberfläche gerichtet. Die Zonen verschiedener Mineralisation in den Gangflächen sind nahe den Intrusivkontakten parallel zu ihnen verbreitet, und mit zunehmender Entfernung verflachen sie in den Nebengesteinen immer stärker. Zwischen „Kontakt"-Lagerstätten sowie konkordanten und diskordanten bestehen viele Gemeinsamkeiten.

Zeitliche Abfolge

Eine dritte wichtige Charakteristik der Zonalität von Lagerstätten ist die zeitliche Abfolge der Gesteine, Erze, Minerale und auch der Zonalitätsreihen. Der Erzprozeß, die metasomatischen Prozesse und auch die Lagerstättenzonalität haben ein progressives und ein regressives Stadium. Die progressive und regressive Entwicklung der Vererzung in den Lagerstätten korreliert dabei deutlich mit dem auftretenden Magmatismus und der Bildungsabfolge der einzelnen Vererzungstypen eines Gebiets. Die Bildungsdauer der einzelnen Typen von Zonalitäten ist genauso wie die Mineralbildung in der Zeitspanne von 1 bis 100 Millionen Jahren anzunehmen.

Bei der progressiven Zonalität werden niedrigtemperierte Mineralparagenesen allmählich durch hochtemperierte abgelöst, d. h., die Endglieder einer geregelten Zonalitätsreihe werden von deren Anfangsgliedern ersetzt. Eine derartige Zonalität ist z. B. für viele Metasomatite der prämineralischen Phase vieler vulkanogener Au—Ag- sowie von Sb—Hg-Lagerstätten charakteristisch, in deren Außenzonen niedrig- bis mitteltemperierte Paragenesen und in den Innenzonen hochtemperierte Paragenesen sekundärer Quarzite auftreten. Eine progressive Zonalität ist mit Ausnahmen nur in „Kontakt"-Lagerstätten festzustellen (Apogranite, Greisen, Pegmatite usw.). Eine progressive Zonalität in Greisenlagerstätten ist ein Hinweis auf die Möglichkeiten des Auffindens von selbständigen Lagerstätten seltenmetallischer Apogranite. Umgekehrt ist z. B. die Feststellung einer regressiven Richtung der Erzbildung ein Hinweis auf Kassiterit-Silikat- und Kassiterit-Sulfid-Lagerstätten.

Bei der regressiven Zonalität werden hochtemperierte Mineralparagenesen allmählich durch niedrigtemperierte ersetzt, d. h., die Entwicklung der Zonalitätsreihe läuft von den Anfangs- zu den Endgliedern. Eine Zonalität regressiven Typs ist in Gebieten intensiver Metamorphose bei der Entwicklung einer Vererzung an den Fronten der Granitisierung, Basifizierung und regionalen Verskarnung am charakteristischsten. Die regressive Zonalität tritt bei den meisten Lagerstätten in Erscheinung.

Nach KASIZYN (1973) ist die progressive metasomatische Zonalität durch geringmächtige Innenzonen und größere Außenzonen ausgezeichnet, wobei die Erze vorwiegend in den Außenzonen auftreten. Bei der regressiven Zonalität verringert sich dagegen die Mächtigkeit der metasomatischen Zonen vom Zentrum zur Peripherie, und die Erze werden in den Innenzonen konzentriert.

Die progressive und regressive Zonalität kann divergierend oder konvergierend sein; in einer Tabelle geben die Autoren 12 mögliche Varianten an. In etlichen der am besten studierten Lagerstätten (seltenmetallische, Au- sowie einige Cu—Ni-Lagerstätten usw.) wird eine zeitliche „Inversion" der Zonalität beobachtet, d. h., die divergierende Zonalität wird zur konvergierenden und umgekehrt. Im Lichte solcher Beispiele entsteht ein kompliziertes Bild mit gemischten verschiedenaltrigen strukturell-geometrischen Zonalitätstypen.

Anhand der Zonalität von Lagerstätten weisen die Autoren auch auf früher noch zu wenig beachtete Zusammenhänge der Lagerstätten und der Verwandtschaft von genetisch verschiedenen Lagerstättentypen hin. Einmal wird diese Verwandtschaft in lateraler Formationsreihe gesehen (z. B. stratiforme und Ganglagerstätten von Cu—Ni, stratiforme und Ganglagerstätten von Polymetallen, Übergänge vom Lahn-Dill-Eisentyp zu Skarn-Kontaktlagerstätten vom Typ Daschkessan usw.), wobei die Autoren in Anlehnung an den mineralogischen Begriff der Isomorphie hier von „polymorphen" Lagerstätten sprechen; hinsichtlich der Zonalität handelt es sich hierbei um eine Verwandtschaft bei stofflicher Gleichartigkeit und strukturellen Unterschieden. Zweitens wird die Verwandtschaft von Lagerstätten in der zeitlichen Entwicklung der Erzbildung (strukturelle Gleichartigkeit und stoffliche Unterschiede) erwähnt (z. B. Fe—Ti-, Fe—V-, Fe—Ti—Cu-Lagerstätten usw.). Es wird dabei auch auf die Möglichkeiten verwiesen, die für das Problem der Lagerstättenregeneration entstehen. In dieser Hinsicht sind besonders die mittleren und Endglieder der Zonalitätsreihen (Zn, Pb; Sb, Hg; Au, Ag) von besonderem Interesse.

Auch die erzgebirgischen Sn—W- und Bi—Co—Ni-Lagerstätten werden anhand neuerer Literatur von den Autoren gestreift, wobei für die Sn—W-Lagerstätten die folgende allgemeine Zonalitätsreihe angegeben wird: Li, Be, Sn → Sn, W, (As) → W, (Bi) → (Fe, Cu, Zn, Pb). Für die erzgebirgischen Bi—Co—Ni-Lagerstätten geben die Autoren folgende vertikale Zonalitätsreihe der typischsten Erzelemente an:

	↑	
Baryt, Karbonate		Ag, Ni, (Co)
Fluorit		Ni, (Co, Ag, Bi)
Baryt, Quarz		Co, Ni, Bi, Ag, As
		Bi, Co, (Ni)
chalzedonartiger Quarz		U, (Bi, Co, Ni).

Die Arbeiten der letzten Jahre ergaben insgesamt für die theoretischen Grundlagen der Zonalität von Erzlagerstätten und ihrer breiten Anwendung in der geologischen Erkundungspraxis neue Möglichkeiten. Bei der weiteren Lösung des Gesamtproblems stehen die quantitative strukturell-geometrische Charakteristik der Veränderlichkeit der Mineralisation, die Analyse der zahlreichen Abprobungsergebnisse von Erzen und Nebengesteinen der Lagerstätten unterschiedlicher formationeller und genetischer Typen sowie die weitere Vervollkommnung der Charakteristik der Zonalität durch Methoden der Prognostizierung, Einschätzung und Erkundung im Vordergrund.

Buchbesprechungen

BABKIN, P. W.; BARANOW, Ju. E. u. a.

Metallogenie des Quecksilbers

Moskau: „Nedra" 1976. 255 S., 290 Lit., 45 Abb., 4 Tab.

Die von zahlreichen Autoren unter Redaktion von W. I. SMIRNOW, W. A. KUZNEZOW und W. P. FEDORTSCHUK zusammengestellte Monographie gliedert sich in zwei Teile. Im ersten werden die Bildungsbedingungen und die Verteilungsgesetzmäßigkeiten von Quecksilbervererzungen und -lagerstätten behandelt, genetische Gruppen, Erzformationen und Mineralisationstypen ausgeschieden sowie eine Klassifikation der strukturellen und industriellen Typen von Quecksilberlagerstätten gegeben. Die Fragen der Genese von Quecksilberlagerstätten stehen zur Diskussion. Die regionale Verbreitung von Quecksilberlagerstätten, die Zusammenhänge der Vererzung mit den tektonischen Etappen und die stratigraphisch-lithologische Kontrolle der Vererzung werden herausgearbeitet, was die Klassifizierung der Quecksilberprovinzen der Welt gestattet.
Die ausführliche Beschreibung dieser Quecksilberprovinzen ist Inhalt des zweiten Teils. Kap. IV umfaßt den Mittelmeer-Quecksilbergürtel einschließlich des Südafrikanischen Erzbezirks, Kap. V den Zentralasiatischen Erzgürtel und Kap. VI den Pazifischen Quecksilber-Gürtel. Dabei ist ein Abschnitt dem ostasiatischen Teil des Pazifikgürtels und ein zweiter dem westamerikanischen Rand des Pazifikgürtels gewidmet. Bedauerlicherweise ist die deutschsprachige Literatur weniger intensiv ausgewertet worden, als beispielsweise die englische. Ungeachtet dessen ist die vorliegende Monographie ein hervorragendes Beispiel für eine umfassende und gleichzeitig in die Tiefe gehende Analyse der Metallogenie des Quecksilbers. Ihre Bedeutung geht weit über Geochemie, Mineralogie und Lagerstättenlehre dieses Elements hinaus.

P. KRÜGER

FERRONSKIJ, W. I.; DUBINZUK, W. T.; POLJAKOW, W. M.; SELEZKIJ, J. B.; KUPZOW, W. M.; JAKUBOWSKIJ, A. W.

Natürliche Isotope der Hydrosphäre

Moskau: Verlag NEDRA 1975. 280 S., 91 Abb., 68 Tab., 373 Lit., Rb. 2,74

Natürliche Isotope sind gute Indikatoren für die Prozesse der Wasserbewegung in der Hydrosphäre. Da sich aus der isotopischen Zusammensetzung des irdischen Wassers wesentliche Rückschlüsse auf die Entwicklung der Erde ziehen lassen, finden natürliche stabile und instabile Isotope der Hydrosphäre Anwendung bei wissenschaftlichen Untersuchungen in der Geologie und in anderen Naturwissenschaften. Verf. unternahmen den Versuch, die Ergebnisse der Arbeiten von Wissenschaftlern verschiedener Länder, insbesondere sowjetische Erfahrungen auf dem Gebiet der Isotopenverteilung in natürlichen Wässern zu verallgemeinern.
Während im ersten Teil detailliert auf theoretische Grundlagen und experimentelle Untersuchungen eingegangen wird, behandelt der zweite Fragen der Messung des Gehalts an stabilen und radioaktiven Isotopen im Wasser. Im Buch werden Untersuchungen der Wasserbewegung im Ozean, der Verbindungen des Ozeans mit Oberflächenwässern der Kontinente sowie der Genese unterirdischer Wässer auf der Basis ihrer Isotopenzusammensetzung dargelegt. Daten über die Verteilung der Tritiumkonzentrationen und des ^{14}C-Gehalts in natürlichen Wässern können für Altersbestimmungen sowie für die Lösung anderer wissenschaftlicher und praktischer Aufgaben genutzt werden.
Auf der Grundlage umfangreicher Untersuchungen der Isotopenzusammensetzung verschiedener Arten irdischer Wässer sowie der Untersuchungsergebnisse von Meteoriten und Mondgestein wurde der Versuch unternommen, eines der schwierigsten Probleme zu lösen, die Frage der Entstehung der Hdyrosphäre. Sie wird als Kondensationsprodukt während der letzten Etappe der Formierung der Erde als Planet aufgefaßt.
Das Buch wird als Arbeitsmittel für Wissenschaftler empfohlen, die sich mit der Nutzung natürlicher Isotope für die Lösung wissenschaftlicher und praktischer Aufgaben in der Hydrologie, Hydrogeologie, Ozeanologie, Meteorologie, Geochemie oder Kosmochemie befassen.

B.-A. DIERL

BORCHARDT-OTT, W.

Kristallographie. Eine Einführung für Naturwissenschaftler

Berlin, Heidelberg, New York: Springer-Verlag 1976. 188 S., 140 Abb., DM 19,80

Dieses Buch gibt in kurzer, gut verständlicher und übersichtlicher Form einen Einblick in die Grundlagen der Kristallographie. Auf großen mathematischen Aufwand wurde zugunsten einer besseren Anschaulichkeit verzichtet. In dem Buch sind im wesentlichsten die geometrischen Fragen der Kristallographie behandelt (Raumgitter, Symmetrie-Prinzip, Bravais-Gitter, Kristallsysteme, Punktgruppen, Raumgruppen) (~ 130 Seiten). Die Grundbegriffe der Kristallchemie, der röntgenographischen Untersuchungen an Kristallen, Kristallbaufehler und der physikalischen Eigenschaften der Kristalle (thermische Leitfähigkeit und Härte) werden (~ 50 Seiten) gestreift. Auf entsprechende ausführliche Literatur wird hingewiesen. Auf die Kristalloptik wurde wegen der Kompliziertheit des Gebiets im Rahmen des vorliegenden Buchs verzichtet.
Wertvoll sind die in den einzelnen Kap. enthaltenen Aufgaben. Das Buch ist besonders für die Naturwissenschaftler geeignet, die Kristallographie als Nebenfach benötigen.

U. STEINIKE

FITCH, A. A.

Seismic reflection interpretation
Geoexplovation Monographs Series 1 — No. 8

Stuttgart: E. Schweizerbart'sche Verlagsbuchhandlung 1976. 148 S., 56 Abb., DM 56.—

Das Buch ist das Werk eines erfahrenen Praktikers, geschrieben für Praktiker, die reflexionsseismische Messungen interpretieren oder mit Interpretationsergebnissen unmittelbar zu tun haben. Das schließt bereits einen Personenkreis mit einem unterschiedlichen Niveau an Grundlagenkenntnissen ein. Der Autor begegnet diesem Problem, indem er seine Ausführungen in drei Hauptabschnitte gliedert, die einen jeweils unterschiedlichen Interessentenkreis ansprechen sollen.
Der erste Hauptabschnitt besitzt den Charakter einer Einführung, in der einige Grundlagen skizziert werden, die für die Beurteilung und die Planung von seismischen Messungen sowie für die geologische Interpretation von Bedeutung sind. Der zweite Hauptabschnitt vermittelt dem mit der Seismik vertrauten Geophysiker und Geologen einige aktuelle Aspekte der Interpretation. Anschauliche seismische Zeitabschnitte, ergänzt durch Modellstudien, machen die Problematik der Struktur- und Substanzaussage in komplizierten Gebieten deutlich.
Im dritten Hauptabschnitt stehen bearbeitungstechnische Fragen aus der Sicht des Autors im Vordergrund. Indem er auf einige Schwächen des üblichen auf Zeitserienbearbeitung (t-domain-processing) ausgerichteten Bearbeitungsablaufs eingeht, entwickelt er Vorstellungen zu einem durchgängigen Bearbeitungssystem, das auf Ortsserienbearbeitung (x-domain-processing) basiert und nach Meinung des Autors durch den Interpretator bewußter gesteuert werden kann. Gerade dieser Hauptabschnitt macht ein allgemeines Anliegen des Autors besonders deutlich: Er stellt aktuelle Probleme der reflexionsseismischen Interpretation vor, skizziert Lösungsmöglichkeiten und stellt sie zur Diskussion. Die Praxisorientierung steht dabei stets im Vordergrund.
Eine Literaturzusammenstellung mit weiterführenden Arbeiten zur Thematik in den drei Ebenen beschließt das Buch, das sicher vielen interpretierenden Geophysikern und Geologen wertvolle Anregungen für die eigenen Arbeiten vermitteln kann.

H. STIEWE

ÁDAM, A.

Geoelectric and geothermal studies (East-Central Europe, Soviet Asia)

Budapest: Akademiai Kiado 1976. KAPG Geophysical Monograph. 752 S., zahlr. Abb., Fr 450.—

Die vorliegende Monographie beinhaltet die Hauptergebnisse der Geothermie und der Magnetotellurik in den sozialistischen Ländern während der letzten 10 Jahre, wobei neben Unter-

suchungen in Mittel- und Osteuropa und im asiatischen Teil der UdSSR auch einige weitere dargestellt werden, die Wissenschaftler aus den KAPG-Ländern durchführten. Sowohl theoretische als auch praktische Aspekte und Fragen der Interpretation werden in einer Reihe von Artikeln diskutiert. Dabei ist ihr Hauptanliegen, den Zusammenhang zwischen den Ergebnissen geothermischer und magnetotellurischer Untersuchungen zu analysieren.
Globale tektonische Prozesse und die Entwicklung der Erdkruste sind das Ergebnis von Tiefenprozessen im oberen Mantel bis zu einer Tiefe von einigen 100 km. Geophysikalische Untersuchungen der Erde — insbesondere der Kruste und des oberen Mantels — führen direkt oder indirekt auf Probleme der Verteilung der thermischen Energie. Die geoelektrischen Daten helfen bei der Interpretation tiefer Temperaturprofile, die vielfach auf Annahmen über die thermischen Leitfähigkeiten und die Wärmeproduktion der Gesteine und der Extrapolation der an der Erdoberfläche gemessenen Temperaturgradienten und Wärmeflußwerten beruhen.
Zur Untersuchung der Kruste und des Mantels sind auf Grund der benötigten Eindringtiefe Messungen in größeren Entfernungen notwendig, was sich am sinnvollsten in internationaler Zusammenarbeit realisieren läßt. Darüber hinaus werden Daten aus verschiedenen tektonischen Einheiten benötigt, die in dieser Monographie für die KAPG-Länder zusammengestellt sind. Im abschließenden Kap. wird eine Hypothese zur physikalischen Ursache und geologischen Natur von leitfähigen Schichten in der Kruste und im oberen Mantel vorgestellt.

V. HECKELER

WOLKOW, N. G.; SOKOLOWSKI, I. L.

Main Problem of Geomorphology of the middle Dnieper Left Bank Area (russ. u. engl.)

Kiew: Nauka Dumka 1976. 136 S., 38 Textfig., Rb. 0,82

Diese Schrift behandelt die Geomorphologie und Morphostruktur des links des Dnepr gelegenen Gebiets bis zum Rand der Zentralrussischen Platte. Sie besitzt deshalb eine besondere Bedeutung, als in ihr an einem Beispiel aus der Ukraine die durch die Begriffe Morphostruktur und Morphoskulptur charakterisierte sowjetische Methodik der geomorphologischen Forschung und deren Anwendung bei der Erkundung von Bodenschätzen, speziell von erdöl-, erdgasführenden bzw. -höffigen Strukturen, einer internationalen Öffentlichkeit in russischen und englischen Texten dargelegt wird.
Die Besonderheiten der osteuropäischen Tafel, speziell in ihrem südlichem Teil, mit dem Wechsel von Trans- und Regressionen, von Abtragung und vielfältiger sedimentärer Überdeckung sowie alternierenden Krustenbewegungen bedingen es, daß man dort mit Denkmodellen arbeitet, die von denen der international üblichen deutschen Geomorphologie abweichen. So werden von den sowjetischen Geomorphologen unter ‚planation surface' (powerchnost wyrawniwanija) nicht nur Abtragungsebenen, sondern auch Akkumulationsflächen jeder Art verstanden und unter einem mehr geologisch-paläogeographischen als morphologisch-morphogenetischen Aspekt betrachtet. In diesem Sinne werden am mittleren Dnepr mehr als 14 ‚Oberflächen' und bis zu 12 Flußterrassen unterschieden. Ref. weiß aus eigener Erfahrung, daß die Überlagerung älterer Formen durch jeweils jüngere die Formendeutung hier außerordentlich erschwert. Die ganze Südabdachung der osteuropäischen Platte stellt, so gesehen, ein weitflächiges Schachtelrelief dar, dessen Erforschung besonderer, von der Geologie entlehnter Methoden bedarf.
Der zweite Teil der Schrift befaßt sich mit strukturell-geomorphologischen bzw. neotektonischen Studien an lokalen erdöl-erdgasführenden bzw. -höffigen Strukturen. Mit Hilfe morphographischer und geologisch-paläogeographischer Studien sowie einer auf Reliefstrukturen gerichteten Auswertung von Luftbildern konnten die ukrainischen Geomorphologen in den vergangenen Jahrzehnten zur Entdeckung und Lokalisierung höffiger Strukturen beitragen. Brachyantiklinalen sind morphologisch zu erkennen. Zu ihrer Bestätigung bleibt die Anwendung geologischer und geophysikalischer Methoden notwendig. Ihnen gegenüber besitzen die geomorphologischen lediglich den Charakter erster Vorerkundungen mit großer Effektivität.

J. F. GELLERT

Autorenkollektiv

Geologio Internacia (Kolekto de original-verkoj en Esperanto)

Warschau: Instytut Geologiczny 1976. Bd. 3, 146 S., zahlr. Abb. u. Tab., Format 15,0 × 20,5 cm

Das als Paperback vorgelegte Material wurde unter der Schirmherrschaft der Geologischen Sektion der Internationalen Wissenschaftlichen Esperanto-Assoziation (ISAE) vom Geologischen Institut Warschau herausgegeben. Der Band enthält 19 Beiträge von 16 Autoren aus der VR Polen, der ČSSR, der Ungarischen VR und Kanada. Die Arbeiten sind grundsätzlich in der Plansprache Esperanto abgefaßt und mit einer nationalsprachlichen Zusammenfassung des jeweiligen Autors versehen. Im Vorwort der Redaktion wird betont, daß die vorliegenden Publikationen überarbeitete Fassungen von Vorträgen darstellen, die auf dem internationalen Symposium „INTERNACIA LINGVO KAJ GEOLOGIO" (7.—9. Mai 1974 am Geologischen Institut in Warschau) gehalten wurden. Im folgenden werden die ins Deutsche übersetzten Titel der Publikationen aufgeführt: OSIKA, R.: Lagerstätten der mineralischen Rohstoffe in Polen auf der Grundlage der wichtigsten geologischen Einheiten- PIECHULSKA-SŁOWAŃSKA, B.: Wissenschaftliche Publikationen des Geologischen Instituts in Warschau — WYŻYKOWSKI, J.: Kupfer in Polen vor dem 2. Weltkrieg und in der Gegenwart — SKOMPSKI, S.: Jan Wyżykowski (Nachruf) — KAVKA, J.: Sind die Feldspäte eine brauchbare Grundlage für die Haupteinteilung der Magmagesteine? (Ein aktuelles Thema zur Diskussion) — NÁPRSTEK, V.: Der gegenwärtige Stand in der Entwicklung der stratigraphischen Geologie — NÁPRSTEK, V.: Die Grenze zwischen Verrucano und Werfener Schichten in der Umgebung von Banska Bystrica (Zentralslowakei) — KOWALCZEWSI, Z.: Hauptetappen in der tektonischen Entwicklung des Polnischen Mittelgebirges — ŠPAČEK, K.: Ganggesteine in dem proterozoischen Sedimentmantel um das Cistá-Massiv (Westböhmen) — ZÁZVORSKA, V.: Paläoökologische und lithologische Beziehungen in der Oberkreide von Böhmen — DUDICH, E.: Paläogeographische Aspekte zum ungarischen Eozän — CIUK, E.: Besondere Probleme neotektonischer Störungen in Polen — PIWOCKI, M.: Braunkohlen im mittleren Teil der vorsudetischen Monoklinale — ŠINDELÁŘ, J.: Die Tone aus dem nördlichsten Teil des Beckens von Cheb (Nordwestböhmen) — SKOMPSKI, S.: Formen des Pleistozäns im mittleren Polen — RACINOWSKI, R.: Versuch zur Darstellung der Küstendynamik durch Untersuchung der Strandgerölle — CALLEUX, A.: Morphoskopie von holozänen und pleistozänen Sanden bei Aberdeen (Schottland) — KAVKA, J.: Geologische Literatur in Esperanto.

G. SCHUBERT

MUNDLOS, R.

Wunderwelt im Stein. Fossilfunde — Zeugen der Urzeit

Gütersloh, Berlin: Bertelsmann Lexikon-Verlag 1976. 280 S. 271 Abb., 1 Tab., DM 64.—

Obwohl sich die Paläontologie als Wissenschaft von den Fossilien und der Entwicklung urzeitlichen Lebens großer Popularität erfreut und eine Fülle an anregendem Material zu allgemeinverständlichen Darstellungen geradezu herausfordert, ist paläontologisch-populärwissenschaftliche Literatur, mittels der auf interessante, klare und überzeugende Weise wissenschaftliche Information vermittelt wird, ziemlich rar oder beschränkt sich auf einzelne Spezialgebiete. Die Herausgabe dieses Buches, das zudem auch noch zum verstärkten Zusammenwirken von Wissenschaftlern und Sammlern auffordert, ist daher ein erfreuliches Unternehmen, und wenn dies auch noch in so überzeugender Art und Weise wie hier geschieht, so muß man Autoren wie Verlag erfolgreiches Zusammenwirken bescheinigen.
Der klare, leicht lesbare Text vermittelt — freilich ohne dabei ins Triviale abzugleiten — einem breiten Publikum einen Einblick in die Paläontologie und Fossilisationskunde. Nach einem Überblick über die wichtigsten Gruppen tierischer und pflanzlicher Fossilien und einer Einführung in die historische Geologie werden im eigentlichen Charakterteil des Buches vornehmlich am Beispiel südwestdeutscher Fundorte Flora und Fauna mehrerer konkreter Lebensräume behandelt und damit die Entwicklung des Lebens auf der Erde übersichtlich dargestellt sowie anhand vortrefflicher Abbildungen überzeugend dokumentiert. Kurze Kapitel über moderne Präparationsmethoden und das Anlegen und Systematisieren einer Sammlung vervollständigen die verbalen Ausführungen. Bemerkenswert ist außerdem ein

Lexikon paläontologischer Fachbegriffe. Personen-, Orts- und Sachregister und ein Register der wissenschaftlichen Namen (Art- und Gattungsbegriffe) runden das Buch ab.
Insgesamt gesehen besticht die hohe Zahl ausgesuchter, teils ein-, teils mehrfarbiger, z. T. ganzseitiger Fotos von teilweise einzigartigen Fossilien, die ohne Zweifel auch eine erfreuliche Referenz an die Bibliophilen unter den Freunden der Paläontologie bedeuten. Den Lesern — und in diesem Falle auch Nutzern — wird das Buch eine brauchbare Hilfe sein.

U. Wutzke

Autorenkollektiv (Merriam, Hrsg.)

Capture, Management and Display of Geological Data: With Special Emphasis on Energy and Mineral Resources

Oxford, New York, Paris, Frankfurt: Pergamon Press 1976. Computers & Geosciences. Vol. 2, Num. 3. 103 S.

Das Heft 3 des 2. Jahrgangs „Computers & Geosciences" enthält Vorträge zur oben genannten Problematik, die auf dem von der COGEODATA, der UNESCO und der Ecole des Mines de Paris vom 24. bis 26. November 1975 in Paris veranstalteten Symposium der COGEODATA (Committee on Storage, Automatic Processing, and Retrieval of Geological Data) geboten wurden. Das Symposium wurde in sechs Halbtagssitzungen abgehalten: Einführung, Datenverwaltung, Datenaufnahme und Ausgabe, Brennstoffdaten, Mineraldaten, Blick in die Zukunft.
Die gedruckt vorliegenden 18 Beiträge befassen sich vorrangig mit verschiedenartigen Datenbank- und Datenverwaltungssystemen, als Übersicht, methodisch bzw. anwendungsseitig orientiert. Neue Systeme werden vorgestellt und bei der praktischen Arbeit gewonnene Erfahrungen mitgeteilt, diskutiert und durch Beispiele demonstriert. Die in einigen Fällen sehr kurz gehaltenen Beiträge geben jedoch mitunter nur eine knappe Information zur behandelten Problematik. In einigen Fällen werden auch Methoden der mathematischen Statistik und die gewonnenen Ergebnisse dargestellt (z. B. Untersuchung von Manganknollen).
Insgesamt gesehen vermitteln die in dem Heft veröffentlichten Artikel einen internationalen Überblick über das von der COGEODATA wahrgenommene Arbeitsspektrum.

H. Knape

Kurznachrichten

Eine **Forschungsbohrung** im Norden der **DDR** erreichte im Oktober 1977 eine Teufe von **8000 m.** Diese Leistung ist bisher **einmalig in Europa.** Es mußten Temperaturen von mehr als 250 °C und Drücke von über 1000 at beherrscht werden.

Libyen verfügte (Stand 1974) über 3,6 Mrd. t erkundete **Erdölvorräte.** Die Förderung betrug 1975 74 Mill. t. 1976 nahm das Land den achten Platz unter den Erdölförderländern im nichtsozialistischen Wirtschaftsgebiet ein. Die Erdölindustrie ist der wichtigste Wirtschaftszweig Libyens.

Die ČSSR stellt **Afghanistan** Förderausrüstungen für den **Kohlebergbau** zur Verfügung. Durch ihren Einsatz soll die Förderung in dem afghanischen Revier von Sabzak, die derzeit bei 5000 t/a liegt, sich auf jährlich 300000 t erhöhen. Die Vorräte werden auf 9,5 Mill. t geschätzt.

Geologische Untersuchungsarbeiten in der **Türkei** haben zur Entdeckung **neuer Lagerstätten** geführt. Eisenerzlager mit insgesamt 15 Mill. t sind in der Provinz Adana, eine Braunkohlenlagerstätte bei Cankiri und ein Barytlager bei Aksehir in Westanatolien nachgewiesen worden.

Nach neuen Angaben werden die **Kupfererzvorräte** des **Irans** auf über 850 Mill. t geschätzt. Dies ist das Ergebnis geologischer Erkundungsarbeiten, vor allem bei Sar Scheshmeh, Provinz Kerman. Weitere höffige Gebiete bei Yaz und Aserbeidschan werden z. Z. untersucht.

Nach Abschluß der geologischen Vorarbeiten wurde kürzlich in der **Syrischen AR**, im Flußtal von Kabir, im Küstenbezirk Lathakia, mit dem Bau des zweitgrößten **Staudamms** des Landes begonnen. Mit den dort zu stauenden 200 Mill. m^3 Wasser sollen Felder von insgesamt 14500 ha bewässert werden.

In der **Mongolischen VR** wird die geologische Erkundung von **Mineralwasserquellen**, besonders im Süden des Landes, gezielt fortgeführt. Bisher sind im ganzen Land über 250 heiße und kalte Quellen dieser Art bekannt. Ein Teil von ihnen wird bereits zu Heilzwecken in Sanatorien genutzt.

Im Rahmen des zweijährigen **Postgradualstudiums** „Bewertung und optimale Nutzung fester mineralischer Rohstoffe" führt die Bergakademie Freiberg in der Zeit vom 10. bis 14. April 1978 das 6. Rohstoffkolloquium durch. Die Tagung steht unter dem Gesamtthema: **Fluorit und seine Verwendung.**
Interessierte Kolleginnen und Kollegen sind zu dieser Veranstaltung herzlich eingeladen. Organisationsleitung: 92 Freiberg, Brennhausgasse 14, Tel.: 51 2663 oder 51 2001.

Bezugsmöglichkeiten der „Zeitschrift für angewandte Geologie"

Bestellungen sind zu richten

- **in der DDR** an den Postzeitungsvertrieb; an eine Buchhandlung oder an den Akademie-Verlag, DDR - 108 Berlin, Leipziger Straße 3–4
- **im sozialistischen Ausland** an eine Buchhandlung für fremdsprachige Literatur oder an den zuständigen Postzeitungsvertrieb
- **in der BRD und Westberlin** an eine Buchhandlung oder an die Auslieferungsstelle KUNST und WISSEN, Erich Bieber, 7 Stuttgart, Wilhelmstraße 4–6
- **in Österreich** an den Globus-Buchvertrieb, 1201 Wien, Höchstädtplatz 3
- **im übrigen Ausland** an den Internationalen Buch- und Zeitschriftenhandel; den Buchexport, Volkseigener Außenhandelsbetrieb der Deutschen Demokratischen Republik. DDR - 701 Leipzig, Postfach 160, oder an den Akademie-Verlag, DDR - 108 Berlin, Leipziger Straße 3–4.

„Zeitschrift für angewandte Geologie"

Herausgeber: Prof. Dr. Karl Schmidt, Direktor des Zentralen Geologischen Instituts, Berlin, im Auftrage des Ministeriums für Geologie der Deutschen Demokratischen Republik.

Chefredakteur: Dr. Kurt Kauter, Zentrales Geologisches Institut, Berlin.

Anschrift der Redaktion: DDR - 1054 Berlin, Kastanienallee 69 (Fernruf 2824293/2824593).

Verlag: Akademie-Verlag, DDR - 108 Berlin, Leipziger Straße 3–4; Fernruf: 2236221 u. 2236229 Telex-Nr. 114420; Postscheckkonto: Berlin 35021 Bank: Staatsbank der DDR, Berlin, Kto.-Nr.: 6836-26-20712.

Veröffentlicht unter der Lizenznummer 1279 des Presseamtes beim Vorsitzenden des Ministerrates der Deutschen Demokratischen Republik. P 320/76.

Gesamtherstellung: VEB Druckhaus „Maxim Gorki", DDR - 74 Altenburg.

Erscheinungsweise: Die Zeitschrift erscheint monatlich. Die 12 Hefte eines Jahres bilden einen Band. Bezugspreis je Band 144,– M zuzüglich Versandspesen (Preis für die DDR 24,– M). Bezugspreis je Heft 12,– M (Preis für die DDR 2,– M).

Bestellnummer dieses Heftes: 1047/23/12.

Alleinige Anzeigenannahme DEWAG-Werbung, DDR - 1054 Berlin, Wilhelm-Pieck-Str. 49, und alle DEWAG-Betriebe und Zweigstellen der Bezirke der DDR.

AN (EDV) 32138

Zeitschrift für angewandte Geologie 12/77

Herausgegeben vom Zentralen Geologischen Institut Berlin im Auftrag des Ministeriums für Geologie der Deutschen Demokratischen Republik
Verlag: Akademie-Verlag, 108 Berlin, Leipziger Straße 3—4

Катцунг, Г.

Посттектогенетические молассы и субсеквентиты на внешнем краю и на северном предполе варисцийского тектогена

Z. angew. Geol., Берлин, 23 (1977) 12, стр. 597—602, 5 илл,. 8 лит.

Варисцийские молассы охватывают отложения древнего складчатого фундамента и переходного этажей (геосинклинальная и орогенная стадия). Из этого вытекает подразделение на дотектогенетические и послетектонические молассы. Последные подразделяются на ранние, основные (с дотафрогенетическим, тафрогенетическим и послетафрогенетическим подэтапами) и поздние молассовые этапы. Латерально возможно расчленение по позиции к тектогену: интра- и перитектогенные молассы как и экзотектогенные молассоиды. На послеастурийском пенеплене крайнего варисцийского и предполя отлогались послетектогенетические молассы. Эти образования показывают двучленение па эруптивную (отснийскую) и осадочную (саксонскую) серии. Граница между основным и поздним молассовыми этапами лежит внутри осадочной серии. В саксоне кончается молассовая седиментация.

Рэслер, Х. Й.; Старке, Р., и др.

Геохимические условия образования месторождений в осадочной сфере

Z. angew. Geol., Берлин, 23 (1977) 12, стр. 603—605, 2 илл., 2 табл., 1 лит.

Исходя из критериев миграции и образования минералов в осадочной сфере обсуждается роль и значение геохимических барьеров, применяемость которых считается возможно и для области коренных месторождений как и объясняется некоторыми примерами.

Сакер, И.; Ёрдан, Х.

О гидрогеологических свойствах зон выветривания гнейсов Рудных гор

Z. angew. Geol., Берлин, 23 (1977) 12, стр. 606—611, 5 илл., 15 лит.

Создание гидрогеологических предпосылок для вскрытия грунтовых вод в комплексах скальных пород, обладающих низкими коллекторскими свойствами, зона выветривания гнейса. Для этой цели полевые работы (измерение инфильтрата составление разрезов), лабораторные работы (ситовой анализ и анализ отмучивания рентгеновский анализ, определение проницаемости, общей пористости, объема заполняемых грунтовой водой пустот, способности водоотдачи), а также обработка результатов испытаний на водопроницаемость. Зоны выветривания гидрогеологически можно разделить на горизонты I···III. Проницаемость (и заполняемые грунтовой водой пустоты) проявляют следующие тенденции: Ia < Iб > ≶ II IIIa > IIIб.

Грунерт, С.

Новая аппаратура для измерения проницаемости пористых веществ

Z. angew. Geol., Берлин, 23 (1977), 12, стр. 611—617

Измерение проницаемости при помощи газов как среда измерения имеет преимущества по сравнению с измерением при помощи жидкостей. Одновременно наступают при этом особенности, которые могут — если они не учитываются — вести к неточностям измерения. В статье представляет автор аппаратуру для измерения проницаемости, которая позволяет устанавливать режим измерения точно воспроизводимо. Она универсально применяема, так как ее можно комбинировать для исмерения давления и дебита с приборами любых пределов измерения. Обрабатывается результаты измерения по уравнению Дарзи ,,жидкостно-эквивалентная проницаемость" определяется с помощью диаграммы Клинкенберга.

Цигенхардт, В.; Брандт, В.; Ягш, Р.

Структурная характеристика трещиноватового коллектора в осадо́чном ротлигендесе

(К геологическим проблеман подземного хранения)

Z. angew. Geol., Берлин, 23 (1977) 12, стр. 618—625 8 илл., 12 лит.

Работа анализирует структурное строение локальной субсоляной высоколежащей глыбы. Она отличается значительными разломами как и интенсивной трещиноватостью. Эффективные (открытые) трещины содержат газ; они определяют характеристику коллектора. Проведенные до сих пор разработка как и измерения нарастания давления для всего месторождения утверждают тип трещиноватового коллектора. При помощи измерений керна, статическими и динамическими карротажами как и анализами проведения скважин получается, охватывать качественно и частично количественно эффективные трещины. Из этого возможно выводить их пространственное размещение и изобразить в виде модели трещиноватового коллектора. Эта модель изображает генетическую связь между структурным, разломным и образованиями трещин. Это поддерживается на основе интерпретатции кинематики.

Юбитц, К.-Б.; Тишендорф, Г.; Винхольц, Р.

Результаты, направления и перспективы XXУ-го Международного геологического конгресса в г. Сидней, Австралия, 1976 г.

Часть 2-я

Z. angew. Geol., Берлин, 23 (1977) 12, стр. 625—633, 7 илл., 24 лит.

Вассерманн, Б.; Сабродоцки, Н. Т. и др.

Европейский север СССР — новая и значительная провинция нефти и газа

Z. angew. Geol., Берлин, 23 (1977) 12, стр. 633—636, 2 илл., 3 лит.

Европейский северо-восток, охватывающий главным образом Печорский бассейн, содержит по новейшим геолоrическим разведкам богатые нефтяные и газовые месторождения. В статье обзорно обсуждаются региональная геология, геологическая характеристика некоторых месторождений углеводорода, дебиты нефти и газа как и базирующая на этих залежах последующая промышленность.

Фолке, П.

Спектографическое определение олова в оловянных руд и в их обагатительных продултах

Z. angew. Geol., Берлин, 23 (1977),, 12, стр. 636—639, 5 илл., 15 лит.

Описывается способ спектрографического определения олова в оловянной руде и в обогатительных продуктах при содержаниях от 0,01 до 0,3%. После обзора о принципиальных возможностях устранения эффектов материнских пород останавливается на выбор стандартного элемента, спектрохимического буфера и оптимальных условий возбуждения. Стандартным элементом служит германий (парные линии анализа Sn 303,4 нм/Ge 303,9 нм). Способным буфером выяснена смесь из 200 мг спектрально-угольного порошка и 80 мг флюорита натрия в отношение к 100 мг пробы. Возбуждение происходит в непрерывной дуге постоянного тока при силе тока 9 А (носительным электродом является кадот). Благоприятным указалось предогорение с прерывной дугой переменного тока. Для снимка спектра служит кварцевой спектрограф 24 Предел надежности для среднего значения из 3 спектров составляет около 10% (условия сравнивости, статистическая надёжность 95%).

Войткевич, Г. В ; Лебедко, Г. И.

Минеральное сыре и металлогения докембрия

(Реферат: В. Бейер)

Z. angew. Geol., Берлин, 23 (1977) 12, стр. 640—642,

Рундквист, Д. В.; Нежеский, И. А.

Зональность коренных рудных месторождений

(Реферат: В. Бейер)

Z. angew. Geol., Берлин, 23 (1977) 12, стр. 642—645

In den nächsten Heften

der

Zeitschrift für angewandte Geologie

erscheinen u. a. folgende Beiträge

KAEMMEL, T.; MÜLLER, E. P.; KROSSNER, L.; NEBEL, J.; UNGER, H.; UNGETHÜM, H.: Sind $HgPb_2$ und (Hg, Pb), gebildet aus natürlichen Begleitkomponenten der Erdgase der Lagerstätten der Altmark, Minerale?

MÜCKE, M.: Rechtsvergleichende Bemerkungen zu der jüngsten Berggesetzgebung der UdSSR und dem Bergrecht der DDR

MACH, B.: Niveau und Entwicklung der Gesamtkosten für das Niederbringen von Bohrungen in Abhängigkeit von der Endteufe

TICHOMIROW, W. W.: Zur Verwendung ausgewählter Erdgaskomponenten als geochemische Bezugsgrößen

PUTSCHER, S.; BACHMANN, G.; KADO, H.: Zur Methodik der Dokumentation von Hangbewegungen

HÄHNE, R.: Neue methodische Aspekte einer paläohydrogeologischen Analyse

FRÖHLICH, K.; KATER, R.: ^{32}Si-Verluste bei Grundwasserdatierungen mit natürlichem ^{32}Si

KÜHL, A.: Mathematische Modellierung von Karbonatgesteinslagerstätten

BLANKENBURG, H.-J.: Zum Spurenelementgehalt der Quarze im Glassand von Hohenbocka

DOERFFEL, K.; TAGLE, A.: Spektrometrische Lösungsanalyse von polymetallischem Erz mit Hilfe des stabilisierten Lichtbogens

BACHMANN, H.: Zur Ökonomie mineralischer Rohstoffe — Ergebnisse der Forschung an der Sektion Sozialistische Betriebswirtschaft der Bergakademie Freiberg

ZIEGENHARDT, W.; HEINRICH, J.; REH, B.: Über Fehlereinflüsse bei der petrophysikalischen Speicher- und Deckgebirgsbewertung im geklüfteten Gestein

KRETZSCHMAR, H.-J.; SEUME, T.: Numerische Simulation der radialsymmetrichen Gasströmung an einer Bohrung

MAAS, I.; WAND, U.; KAEMMEL, T.: Die Kohlenstoffisotopenzusammensetzung hochinkohlter organischer Substanzen — ein Kriterium zur Charakterisierung ihrer Primärsubstanzen

Neuerscheinungen und Literaturhinweise

BEBESCHEW, I. I.

Die Lithologie der jurassischen kohleführenden Ablagerungen des Hissargebirges

Moskau: Verlag Nauka 1976 135 S., 61 Abb., 12 Tab., 157 Lit.
(Tr. geol. Inst. An SSSR, Bd. 293)

CHOMENTOWSKIJ, W. W.

Das Vend

Nowosibirsk: Verlag Nauka 1976. 268 S., 62 Abb., 15 Anl., 31 S. Lit.
(Tr. Inst. Geol. i Geofis. AN SSSR, sib. Ausg., Bd. 243)

GALL, J.-C.

Environnements sédimentaires anciens et milieux de vie

Strasbourg: Inst. Géol. Univ. Louis Pasteur Strasbourg 1976. 228 S., 128 Abb.
(Mem. Sci. géol. Univ. Strasbourg 42)

KIRPAL, G.R.

Die Bauxitlagerstätten Kasachstans

Moskau: Verlag Nedra 1976. 207 S., 49 Abb., 10 Tab., 48 Lit.

MINAŘIK, L.; POVONDRA, P.

Die Geochemie von Durbachit-Kaligesteinen im Revier Certovo břemeno

Prag: Verlag Acad. 1976. 64 S., 23 Abb., 11 Tab.

NIEMCZYCKA, T.

Gesteine des Oberen Jura der östlichen VR Polen

Warschau: Geol. Verlag 1976. 99 S., 45 Abb., 4 Tab., 6 Taf., 2 S Lit., 1 Anl.
(Prace geol. Inst., 77)

OSADTSCHIJ, W. G.; LURE, A. J. u. a.

Geothermische Kriterien der Erdöl-Erdgasführung des Erdinnern

Kiew: Verlag Nauk. Dumka 1976. 141 S., 40 Abb., 8 Tab., 133 Lit.

SCHARUDO, I. I.; MOSKWIN, W. I.

Hauptfaktoren der Metamorphose der Kohlen des Partizansker Beckens

Nowosibirsk: Verlag Nauka 1976. 75 S., 21 Abb., 15 Tab., 2. S. Lit.
(Tr. Inst. Geol. i Geofis. AN SSSR, sib. Ausg., Bd. 204)

STANISLAWSKIJ, F. A.

Die Floren des mittleren Keupers des Donezbeckens

Kiew: Verlag Nauk. Dumka 1976. 167 S., 61 Abb., 87 Taf., 5 S. Lit.

...

Krystalinikum. Bd. 12
Arbeiten zu Problemen der Geologie und Petrologie von Kristallingebieten

Prag: Verlag Acad. 1976. 164 S., zahlr. Abb. u. Tab.

...

Materialien zur genetischen und experimentellen Mineralogie. Bd. 9

Nowosibirsk: Verlag Nauka 1976. 263 S.
(Tr. Inst. Geol. i Geofis. AN SSSR, sib. Ausg., Bd. 263)

...

Paläontologie und Biostratigraphie der Mongolei

Moskau: Verlag Nauka 1976. 382 S., zahlr. Abb. u. Tab.
(Sowmest. sow.-mongol. paleont. Eksped., Bd. 3)

MIX
Papier | Fördert gute Waldnutzung
FSC® C083411

Zeitfracht Medien GmbH
Ferdinand-Jühlke-Straße 7
99095 Erfurt, Deutschland
produktsicherheit@kolibri360.de